零起点学创业系列

LINGQIDIAN XUECHUANGYE XILIE

学办特菜园

石明旺　主编

化学工业出版社

·北京·

本书主要介绍了羽衣甘蓝、球茎茴香、黄秋葵、红梗叶甜菜、菊芋、空心菜、冬寒菜、紫背天葵、香椿、香芹菜、罗勒、荆芥、薄荷、紫苏、韭葱、芦笋、香芋、山药、婆罗门参、樱桃萝卜、根芹菜、牛蒡、水芹、荸荠、慈姑、茭白、芡实、莲藕、菱角、菊花脑、马齿苋、番杏、土人参、荠菜、菜用枸杞、藤三七、蕨菜、马兰、苦菜等特种蔬菜的形态特征、优良品种、栽培技术等，全面地总结了当前特种蔬菜的病虫害防治实用技术。

本书通俗易懂，内容丰富，技术先进，可操作性强，是特菜生产的实用性创业手册，适合广大菜农、蔬菜企业、基层农业技术人员和农业院校蔬菜种植、植保等相关专业师生参考。

图书在版编目（CIP）数据

零起点学办特菜园/石明旺主编. —北京：化学工业出版社，2014.9
（零起点学创业系列）
ISBN 978-7-122-21499-7

Ⅰ.①零… Ⅱ.①石… Ⅲ.①蔬菜园艺 Ⅳ.①S63

中国版本图书馆 CIP 数据核字（2014）第 174988 号

责任编辑：邵桂林　　文字编辑：焦欣渝
责任校对：王　静　　装帧设计：刘丽华

出版发行：化学工业出版社（北京市东城区青年湖南街 13 号　邮政编码 100011）
印　　装：北京云浩印刷有限责任公司
850mm×1168mm　1/32　印张 7¼　字数 198 千字
2014 年 11 月北京第 1 版第 1 次印刷

购书咨询：010-64518888（传真：010-64519686）
售后服务：010-64518899
网　　址：http://www.cip.com.cn
凡购买本书，如有缺损质量问题，本社销售中心负责调换。

定　　价：25.00 元

编写人员名单

主　　编　石明旺

副 主 编　秦雪峰　孙涌栋　石宇慧

参编人员（按姓氏笔画排序）

石明旺　石宇慧　孙涌栋

郎剑锋　秦雪峰

前 言

蔬菜是我们日常生活中不可缺少的重要食物，是人们维持身体正常发育所需营养物质的重要来源。蔬菜质量的优劣、数量的多少及花色品种的丰富与否，又是体现人们生活水平高低的重要标志之一。随着人类社会的发展，人们生活水平的不断提高，以及科学技术的进一步发展，人们对生活质量提出了更高的要求，不仅仅满足于吃饱和吃好，而更多的是不断追求新、奇、特、色、香、味和营养保健功效。

特种蔬菜又称为稀有蔬菜。特种蔬菜的营养价值不同于一般的大宗蔬菜，它的风味、食用价值和食用方法独具特色且多种多样。特别是近几年来，随着人们生活水平的不断提高，对特种蔬菜的需求量也在不断加大，更有些上档次的宾馆、饭店对其的需求量也在不断增加。同时，有些特种蔬菜还是出口创汇的重要蔬菜品种，国外对特种蔬菜的需求量也很大。

我国地域辽阔，地理与气候条件复杂多变，野生蔬菜资源非常丰富。经过几千年的长期实践与研究，劳动人民培育出了各种各样的蔬菜品种，并已应用于生产实践，再加上由国外不断引进的新品种，我们现在已拥有非常丰富的蔬菜品种。近年来，全国各地农业科技工作者为了满足市场需求，经过不断研究探索，培育和引进了大量的新的特色蔬菜品种。目前，一些新特蔬菜品种在一些地区已得到了推广，投放市场后深受消费者青睐，而且越来越表现出它强大的发展优势。为使这些科研成果能在全国各地尽快得到推广应用，使其转化为生产力，造福于民，笔者将它们分类整理，编写了这部通俗易懂、经济实用的农业科技读物，以供广大农民朋友和同行学习参考。

由于水平所限，书中定有疏漏之处，敬请广大读者批评指正。

编者

目 录

第一章 办园准备工作

第二章 特种蔬菜品种选择与育苗技术

第三章 特种叶菜类蔬菜栽培技术

第四章 特种辛香菜类蔬菜栽培技术

第五章 特种根菜类蔬菜栽培技术

第七章 特种野生类蔬菜栽培技术

第一章

办园准备工作

第一节 办园市场调查与市场发展前景分析

一、办园市场调查

（一）特种蔬菜的概念

所谓特种蔬菜就是集中一个“特”字，既具有名、优、新的特征，又具有优质、高效的特点。特种蔬菜是一个相对的、广义的蔬菜概念，与之相对应的是生产面积大、消费量大、人们熟知的大宗蔬菜。特种蔬菜主要指在特定范围、特定区域、特定时期生产的蔬菜，或者具有某种特定营养、保健或药用功能和价值的蔬菜。

特种蔬菜具有地域性，在国外种植面积很大、消费较多的蔬菜，在国内则可能刚开始发展，仍属特种蔬菜的范畴。在全国各地蔬菜种植中，在南方地区为大路菜的品种，在北方地区可能基本没有种植，成为北方地区的特种蔬菜。

特种蔬菜具有时间性。很多蔬菜最初称之为特种蔬菜，随着蔬菜生产的发展，人们对特种蔬菜的认识逐渐加深，生产面积和消费量日益扩大和增加，数年后就转成大路菜之列。所以，特种蔬菜的称呼是相对的、有时限性的。

特种蔬菜具有某种特定营养、保健或药用功能和价值。许多蔬菜之所以被称之为特种蔬菜，是因为有某种特殊营养或功能，如山药、百合、菜用葛根、慈姑等。

（二）特种蔬菜主要特点

1. 风味独特，营养丰富，适于食疗保健

在超市里，摆放在人们面前许多形态各异、色泽鲜艳的紫甘蓝、绿菜花、黄菊苣、白芦笋以及鲜红的樱桃番茄等，会使人耳目一新，大开眼界，它们不仅色彩鲜艳、肉质细嫩、品质好而且富含多种营养。例如：紫甘蓝每 100 克鲜叶的蛋白质和碳水化合物含量分别是普通甘蓝的 1.4 倍和 2.0 倍，铁、锌、维生素 A、维生素 C 等成分也高于普通甘蓝。有些品种还具有很好的药用价值，长期食用可起到健身防病的作用。绿菜花的营养成分也明显高于白菜花，每 100 克绿菜花鲜花球中含水 89 克左右、蛋白质 3.6 克、碳水化合物 5.9 克、维生素 C 约 113 毫克；而 100 克白菜花花球中含水 92.6 克、蛋白质 2.4 克、碳水化合物 3.0 克、维生素 C88 毫克。

菊苣是流行于欧美的著名色拉叶用蔬菜，除含有较高的营养成分以外，叶片芽球中还富含马栗树皮素、野莴苣苷、山莴苣素等苦味物质。口感质脆爽口，微苦略甜，具有清肝利胆、开胃健脾的功效，深受食用者喜爱。

芦笋质嫩可口，营养丰富，被公认为是低热量、高营养的保健蔬菜。芦笋中含有天冬酰胺、多种甾体苷类化合物等，在食疗保健中占有非常特殊的地位，可增进食欲、帮助消化，对心血管病、水肿、膀胱炎等有一定疗效，其含有的天冬酰胺酶对治疗白血病、防治癌症均有特殊疗效。

2. 适于多种形式栽培

在这些蔬菜中属于叶类菜和根茎类的均为耐寒或半耐寒性蔬菜，生长适应性很广。例如：结球生菜、大叶茼蒿、羽衣甘蓝等，其产品形成不需要很高温度，白天 20～24℃、夜间 12～14℃即可满足其生长要求，因此除了春、秋露地栽培以外，还适于冬季保护地生产。根据市场需求，可利用不同形式的保护地进行栽培，如小拱棚、改良阳畦、塑料大棚等排开播种，可多茬生产、周年供应。彩色大椒、樱桃番茄等喜温性蔬菜，生长周期长，冬季生产多采用日光温室或普通型温室。有些蔬菜如生菜、菊苣、菜心还可利用无土栽培、水培、软化栽培、假植等形式进行生产，达到一年多茬的

目的。

3. 经济价值高

目前这类蔬菜由于品质好，营养价值高，而且生产数量相对较少，物以稀为贵，所以经济价值较高。同时有些种类因为生长期短，复种指数高，投入相对减少，经济效益更为明显。如：樱桃萝卜，20～30 天收获一次，一年可生产 10 茬以上。樱桃萝卜生产中除了进行间作套种以外，还常利用温室前沿、四周边沿、畦埂等空隙地进行种植，这样既满足市场需求，又充分利用温室面积，增加收入。

4. 适于净菜上市和精细包装

这类蔬菜色泽鲜艳，外形新颖美观，适于净菜上市和进行精细包装，有利于吸引消费者和提高档次。经过包装后也可作为礼品送给亲朋好友。元旦、春节等节日蔬菜礼品箱，就是近些年来兴起的一个“大礼包”，它不仅让人品尝到特菜风味，还丰富了节日气氛，传递了亲情、友情。

（三）特种蔬菜市场与需求

四个“特”：特种、特种、特卖、特吃。

1. 特种

首先要求品种新颖、适销。如黄瓜，是常见蔬菜，但荷兰“迷你”黄瓜，其果形为短圆柱形，颜色深绿，表皮光滑无刺，由于其形状、口味均不同于一般黄瓜，很受市场欢迎。又如美洲小西葫芦，形状有香蕉形的（香蕉西葫芦），有扁圆形、类似飞碟状的（飞碟瓜），由于其形状奇特、色彩鲜艳，成为餐桌上的珍品。

其次，内外特殊。其特殊体现在：外形、颜色、风味、营养、保健功能等方面。

2. 特种

有一些特菜，需用比较特殊的种植方法。如反季节栽培、软化栽培、苗盘纸床栽培、箱槽式立体栽培、有机生态型无土栽培等手段，可以改变一些蔬菜常规的上市时间，或改变原有的色彩、口感、风味等品种性状。

此外，有一些特菜，需用比较特殊的加工方法，如干豆角等。

3. 特卖

生产供应栽培面积小，产品上市量少。根据特菜自身的特点，形成其特殊的销售渠道。特菜除在一些超市销售外，主要供给一些宾馆、饭店。近年来，节假日的礼品菜，采用精美的箱式包装，以特菜作为主体品种，也成了特菜的一种特殊的销售方式。

4. 特吃

主要是指如何吃好特菜，利用特菜的奇特外形、艳丽的色彩、佳良的口感、独特的风味，烹调出可口的菜肴，是推动特菜发展的重要因素之一。

市场经济要求蔬菜科研及生产者不但要种好菜、卖好菜，也要研究如何吃好菜。

进入21世纪后，人类对环境保护、生态农业由感性认识上升到了理性认识，人们从单纯追求数量转向追求质量，从追求产量的增长转向追求综合效益的提高。以良好的生态环境和生产有机食品为特征的生态农业应运而生，并呈方兴未艾之势。办特菜园，特别是办“有机特菜园”式生态农业代表了21世纪农业的发展方向，是农业可持续发展的主要特点之一。合理安排农村产业结构，选择科技含量高的优良品种，采用绿色种养技术，形成一定规模的产业化生产，将取得较好的经济效益，无公害、绿色、有机食品将有广阔的市场。

创新蔬菜品种、发展蔬菜生产是国家种子工程中的一个重要内容。绿色无公害、保健型的蔬菜，是人们生活中不可缺少的主要副食品，目前市场上为数不多，供不应求，深受人们的欢迎。利用无公害农产品加工的绿色食品和工业产品，是人们优先采购的品种，具有很高的附加值和经济效益，发达国家对绿色食品的需求以每年25%～30%的速度增长，而且大部分依赖从发展中国家进口，到2005年欧盟和美国市场绿色（有机）食品销售额将达1050亿美元。按生态农业模式建设的示范园，将推动无公害绿色、有机食品的发展，在国际市场上具有竞争优势。蔬菜农副产品生产均属劳动密集型产业，我国人多地少，农民有精耕细作的好传统，生产成本相对较低。单就蔬菜一项，国外价格一般是我国国内的5～8倍，加入WTO以后，蔬菜产品在国外市场竞争中占据有利的地位。

近年来，中国蔬菜生产持续稳定发展，种植面积由1990年的0.95亿亩（1亩=666.67米^2）增加到2011年的2.95亿亩，产量由1990年的1.95亿吨增加到2011年的6.79亿吨。

中国是蔬菜生产大国，同时也是世界蔬菜出口大国。随着全球市场化程度越来越高，中国的蔬菜出口贸易获得了空前的发展，出口额由1993年的13亿美元增长至2012年的100.09亿美元。在2010年，中国首次超越荷兰和西班牙，成为世界最大的蔬菜出口国。

蔬菜生产中有害物质污染已越来越严重，不少地方都出现过食用污染蔬菜造成的急性中毒事件，特别是农药残留已严重影响到人们的身体健康。人们开始认识到农业资源与环境保护的重要性。未来的农业的优势决定于农业生产和生态环境研究创新能力及相应研究成果的转化率，既要大幅提高土地生产率，又要维护并改善农业资源基础与生态环境，因此，建设生态农业示范基地，引导农民发展生态农业，生产无公害、绿色、有机蔬菜，是人们保证生活质量、提高健康水平的需求。

由于特种蔬菜具有很多特点，加之生产量少，物以特为贵，所以栽培的经济效益十分可观。很多菜农种植特种蔬菜取得良好的经济效益，改变了传统农业“一小三低”（规模小、低投入、低产出、科技含量低）的局面，兴办特菜园，从而走上了致富的道路。

二、市场发展前景分析

近几年来，全世界蔬菜年贸易额不断增加，对蔬菜的需求越来越多。特别是加入WTO后，我国的蔬菜产品出口量迅速增加。在生产技术上，根据进口国消费群体的要求和严格按照国际通行的质量管理体系（HACCP、GMP、SSOP），开发生产优质、安全、营养、无污染的保鲜、速冻、FD冻干蔬菜系列产品，出口市场空间大，国际市场前景广阔，并且国内大中城市的消费观念正朝着方便、卫生、无污染方向转变，保鲜、速冻特种蔬菜已进入超市，需求量逐年增加。该项目产品无论从国际还是国内市场分析，市场空间大、前景广阔，并且具有较强的创汇能力。

（一）小菜园建立

小菜园，追求绿色、环保、天然，是当今的一种时尚，符合现代都市人的需求。拥有自己的小菜园更是都市人的梦想。小菜园（方便蔬菜）产品既可以美化人们的家居环境，又可以给枯燥的都市生活多增添一份乐趣。

1. 小菜园特点

（1）绿色环保　环境的污染，以及过量化肥、农药的使用，蔬菜瓜果有害物质超标已成为严重的社会问题。市场上销售的大部分蔬菜、瓜果，是否真正绿色环保，消费者无法识别，让人很不放心。小菜园的蔬菜产品的培养土是由泥炭、草木灰、蛭石、珍珠岩、椰糠以及有机肥等科学精制调配而成，所有材料源于自然，无毒、无害，真正实现100%绿色种植。小菜园（方便蔬菜）的生长过程是在消费者自己照顾下完成的，当然吃得开心，吃得放心。

（2）轻松种植　一个农民从种菜到收获，要做施肥、除草、喷洒农药等许多工作，过程复杂。小菜园（方便蔬菜）产品的培养土是利用多种介质科学调配而成，营养均衡，种植过程不需施肥。小菜园（方便蔬菜）产品的包装盒采用获得专利技术的先进排水和新型蓄水系统，浇水时，保水层能蓄水，即使没有按时浇水也能起到缓解作用。小菜园（方便蔬菜）产品种植方法简单、方便、快捷，老少均可。只要往小菜园（方便蔬菜）里面浇浇水就可以种出各种各样新鲜的蔬菜、水果，真正体现轻松种植、完美收获。

（3）绝对新鲜　菜市场的蔬菜往往是经过长距离运输后才周转到消费者手上，新鲜度有限；而小菜园（方便蔬菜）产品现种、现收、现吃，鲜嫩无比。

（4）美化居室　种出色彩斑斓、多姿可人的蔬菜和水果，摆放在阳台、窗台、居室，可起到绿化美化和家居装饰的效果。

（5）丰富知识　种植小菜园（方便蔬菜），产品不仅可以享受种植的乐趣，还可直接观察和感受植物生长的过程，增长蔬菜和水果种植方面的知识。

（6）品种多样　小菜园（方便蔬菜）产品首期推出4大系列，其中很多品种普通蔬菜柜台不易买到。

2. 小菜园种类

水果类系列：樱桃萝卜、迷你番茄、草莓、碧玉黄瓜。

芽苗菜系列：龙须苗、空心菜苗。

蔬菜类系列：乌塌菜、奶白菜、四季生菜、金春圣。

佐料类系列：香菜、香芹、花叶芝麻、胡椒。

3. 小菜园注意事项

以芽苗菜为例，小菜园（方便蔬菜）注意事项包括：

(1) 内含种子、栽培介质、说明书等，勿食！

(2) 种植前请详细阅读内部说明书。

(3) 儿童请在成年人帮助下完成。

(4) 种植期间适当遮光可使芽苗菜口感更好。

(5) 在种植过程中介质不可有积水。（浇水浇到看到介质表面覆有一层薄水为准，见介质表面较干时可再浇水。）

(6) 芽苗长到 10 厘米左右时即可采收。

(7) 冬季尽量放于室内温暖处，夏季放于通风凉爽处。

4. 小菜园种植步骤

(1) 把种子浸入水中 8～12 小时。

(2) 把介质倒入容器中整平。

(3) 浸种后用清水洗净种子，再均匀地播在介质表面。

(4) 用喷雾状水或小水浇透，以可看到介质表面覆有一层薄水为准。

(5) 芽苗的整个发芽、生长期都要保持介质湿润。

（二）小型特色菜园

什么是特菜？

一是“特”。特菜产品源于国外引进的新品种，地方育成的珍稀品种和人工驯化的野生品种。不仅有艳丽的外形，而且具有极佳的口感和独特的风味。

二是“优”。种植特菜过程中，不使用化肥和生长激素之类的肥料，从而较好地保持了蔬菜原有的自然风味和鲜美品质。

三是“新”。特菜不仅外表鲜艳欲滴，而且对人体健康具有独特的保健功能，使人们在大饱眼福和口福的同时，不知不觉地强了身、健了体，达到防病治病的目的。

目前，国内市场上各种特菜销售势头普遍看好，供不应求，并且价格往往高于普通蔬菜的几倍甚至十几倍。如果想开辟致富的新路径，开辟一个家庭式特菜园是不错的选择。

在销售方面，主要销往较高档的宾馆、饭店和酒楼或大中型企业和事业单位食堂。利用农田市场现成的蔬菜经营户设点销售，并采取先尝后买的办法，完全可以靠品质打开销路。

特菜新品种极具市场开发潜力，建立特菜园被视为致富风向标。

（三）观光特菜园

随着观光农业的发展，蔬菜在观赏园艺中的地位日益凸显，例如一年一届的中国寿光国际蔬菜科技博览会（简称菜博会），为商务部正式批准的国际性蔬菜产业品牌年度例会。菜博会在开展国际经济技术交流与合作，加快农业科技成果转化，促进蔬菜产业乃至农村经济发展方面发挥了重要作用，更是吸引了世界各地的目光。依托雄厚的产业基础和技术优势，菜博会向世人捧出一道道气势恢宏的三农盛宴，展示了现代农业的独特魅力。

观光农业旅游是高效农业与旅游业相结合的新型交叉产业。它是在充分开发具有观光旅游价值的农业资源的基础上，以生态旅游为主体，把农业生产、新兴农业技术应用与游客参加农事活动等融为一体，并充分欣赏大自然浓厚情趣的一种旅游活动。观光农业旅游，在国外已有40年的发展历史，开发研究比较成功的多是经济上比较发达的国家。20世纪60年代初国际上久负盛名的旅游大国——西班牙，把路边的城堡或大农场进行内部装修改造成为饭店，用以留宿过往游客和发展乡村旅游。以后陆续出现了法国的“工人菜园”、美国的观光农场、日本的务农旅游等，都为自己的国家创造了巨大的经济效益。世界各国观光农业发展的成功经验，也触发了中国观光农业的迅速发展。

观光农园，是指具有农业产业特色又用于提供旅游观光的农业园区。包括以大田作物为主的观光农园，以果树生产为主的观光果园，以蔬菜生产为主的观光菜园，以花卉生产为主的观光花园，以水产养殖为主的观光养殖场和以饲养禽畜为主的观光饲养场（如孔雀园、鸵鸟园等），以特菜生产为主的观光特菜园等。发展观光农业旅游为传统农业向现代化农业迈进提供了一条可持续发展的模式和途径。传统农业主要是掠夺式的生产模式，它专注于对土地本身的耕作，生产目标单一，生产技术落后及投入少，是低产出的自然经济型农业。观光农业的开发，将拓宽农村经济发展的思路，使农业经济效益与环境效益和社会效益协调发展，引导农民积极采用国内外先进技术，提高农业生产的科技含量，并在农业生产中摆正人与自然的和谐发展关系，同时走上一条“高新技术、高附加值、高效益”的现代化农业可持续发展之路。

三、办园前的投资概算

（一）小型特色菜园投资概算

品种选择：特菜品种多，一个地区一个饮食习惯、一种消费观念，不是每种特菜都适合所在的地区种植和消费。对初次投资者来说，品种、数量不宜引进过多，可根据地区的饮食习惯和消费观念选择特菜品种，有六七种就足够了。引进品种以保健效果好、市场热门和口味佳的品种为宜，如有减肥功能的菊花、有“植物伟哥”之称的黄秋葵、野香十足的树仔菜、享有“超级健康菜”美誉的食用仙人掌等。总之，要注意长短结合、合理布局，做到您无我有、您有我优，从小到大，逐步发展。

投资预算：假如将家庭投资规模确定为 2 亩地（其中 1 亩地建大棚），以树仔菜、洋参菜、仙人掌、救心菜、黄秋葵、千宝菜和洋芥蓝等品种为主，那么，总投资最多不超过 2 万元（其中种苗投资约 1 万元，大棚设施及肥药约 1 万元）即可生产。并且其中大部分资金是一次性投资，可多年使用、多年得益。

（二）特色菜园蔬菜基地建设投资概算

特色菜栽培技术是一种低投入高产出的栽培方式，它利用有机栽培技术，结合有机食品标准，对野菜品种进行研究，通过栽培实验，逐步了解各种野菜品种对生长环境的需求，显现出不同的生长习性，进行研究和分析，并在此基础上，对各种野菜品种进行栽培技术规程的制定，为将来有机食品野菜的产业化作准备。现以种植基地的300亩示范区域面积，作为特色菜栽培基地为例，进行成本与效益合算，并列出以下所需材料投入清单：

（1）项目预算投资总额为210万元，其中：自有资金130万元，省级科技拨款20万元，部门拨款40万元，地方拨款20万元。

（2）建设组培室、质检室与购置所需设备，共计55万元。

（3）建设水泥、钢架大棚与铺设喷带等设施，共计120万元。

（4）购置杀菌、加温、通风、调控设备等设施，共计15万元。

（5）不可估算投入，共计10万元。

（6）其他相关设备工具，共计10万元。

（7）项目共计，总投入为210万元。

总投入210万元，进行野菜品种的培育和开发，年可实现经济效益600万元，净利润180万元，同时，可辐射周边乡镇，带动基地周围区域农民增收。

第二节　蔬菜园选择和建设

一、露地蔬菜园选择和建设

（一）根据市场需要确定建园规模和发展品种

1. 园地选址

蔬菜园地建设的选址要符合以下要求：

（1）符合土地利用总体规划要求，或纳入基本农田管理。光照充足，无霜期长，土地集中连片，土质肥沃，地势平坦开阔，地下水位在0.8米以下。

（2）自然条件适宜，气候温和，生态条件良好，基地空气、灌溉水中各项污染物含量不能超标，具有可持续生产能力。

（3）选择在相对平缓的地块上建设，地块的坡度控制在25度以内，早春蔬菜基地应建在海拔300米以下，高山反季节蔬菜基地应建在海拔800米以上的地区。

（4）紧邻公路或已经规划农村公路建设的通达区域。

(5) 基地水源有保证，伏旱季节 40 天无雨能保灌溉，其他季节 70 天无雨能保灌溉；雨季能排水，防洪有保障，排水有出路。

2. 检验检测

园地选址确认后，要进行土壤中农药残留量和重金属含量等项目的检测。抽样取土壤表层向下 10 厘米左右的土样。水源抽样按国家灌溉用水相关标准检验或检测。

3. 选择品种

特菜品种很多，需要投资者仔细选择适合自己地区种植和消费的品种。尤其对初次投资者来说，品种数量不宜引进过多，一般 5～8 个品种就足够了。

选择引进品种方面，最适宜选择一些保健效果好、市场热门和口味佳的品种。

（二）根据当地的自然条件选择园址

根据我国地理和气候分布的不同，我国设施蔬菜可划分为下列四个气候区：

1. 东北、蒙新北温带气候区

本区包括黑龙江、吉林和辽宁、内蒙古、新疆等地，是我国最寒冷气候区，冬季日照充足，但日照时数少；1 月月均日照时数 180～200 小时，日照百分率 60%～70%，1 月平均气温在－10℃以下，北部最低的达－20～－30℃。设施生产冬季以日光温室为主，设临时加温设备。在极端低温地区（如松花江以北地区），冬季只能以耐寒叶菜生产为主。春、秋蔬菜生产可以利用各种类型的塑料大棚。

2. 华北暖温带气候区

本区地处秦岭、淮河以北、长城以南地区，包括北京、天津、河北、山东、河南、山西、陕西的长城以南至渭河平原以北地区以及甘肃、青海、西藏和江苏、安徽的北部地区，辽东半岛也属于这个地区。1 月日照时数均在 160 小时以上，1 月平均最低气温 0～－10℃。该区冬春季光照充足，是我国日光温室蔬菜生产的适宜气候区。冬季利用节能型日光温室在不加温条件下可安全进行冬春茬喜温蔬菜的生产，但北部地区日光温室要注意保温，应有临时辅助加温设备，南部地区冬季要注意雨雪和夏季暴雨的影响。这一地区春提前、秋延后蔬菜生产设施仍以各种类型的塑料棚为主，大中城市郊区作为都市型农业可适当发展现代加温温室，用来生产菜、花、果等高附加值园艺产品。

3. 长江流域亚热带气候区

本区包括秦岭淮河以南、南岭-武夷山以北、四川西部-云贵高原以东的长江流域各地，亚热带季风气候区，主要包括江苏、安徽南部、浙江、江西、湖南、湖北、四川、贵州和陕西渭河平原等。本区属亚热带气候，1 月平均最低气温 0～8℃左右。冬春季多阴雨，寡日照，但这里冬半年温度条件优越，因此蔬菜生产设施以塑料大、中棚为主，在有寒流侵入时搞好多重覆盖，即可进行冬季果菜生产，夏季以遮阳网、防雨棚等为主要蔬菜生产设施。进行高附加值的菜、花、果、药等园艺作物的生产，或进行工厂化穴盘育苗，以及在都市型农业中可以适当发展高科技的开放型现代玻璃温室。

4. 华南热带气候区

本区主要包括福建、广东、海南、台湾及广西、云南、贵州、西藏南部。1月平均温在12℃以上，周年无霜冻，可全年露地栽培蔬菜，可利用该区优越的温度资源，作为天然温室进行南菜北运蔬菜生产。但该区夏季多台风、暴雨和高温，故遮阳网、防雨棚、开放型玻璃温室成为这一地区夏季蔬菜生产的主要设施，冬季则以中小型塑料棚覆盖增温。

全国各地情况不同，可根据地理位置及区域范围来选择园地。对老菜区、许多家庭菜园、新菜区地块大小设计与改造，提高土地总体利用率，一般 1 公顷左右为一个地块较适宜。

（三）交通运输方便

交通运输方便是选择菜园基地建设的重要原则。运输是人和物的载运及输送，在蔬菜物流过程中，运用多种设备和工具，将物品在不同地域范围间进行运送的活动，以改变“物”的空间位置，包括集货、分配、搬运、中转、装入、卸下、分散等一系列操作。如何搞好运输工作，开展合理运输，不仅关系到蔬菜物流时间占用的多少，而且还会影响到蔬菜物流费用的高低。不断降低蔬菜物流运输费用，对于提高蔬菜物流的经济效益和社会效益都有着重要作用。对于蔬菜物流管理者来说，商品运输的竞争特性，意味着将有更多的机会从运输提供者那里获得更好的服务项目或更低的成本。

（四）规划与设计

1. 耕地、道路、排灌系统的规划与设计

根据土地面积的大小，统一规划耕地、道路、排灌系统。土地面积较大的，可划分成若干个正方形或长方形的地块，统一安排机耕、种植及轮作。各地块之间留出田间道路，分干道（主道）和人作业的小道。干道供汽车、拖拉机、畜力车等进出，运人粪肥及其他生产资料和运出蔬菜。人作业的小道一般和干道垂直，出入方便，以减轻人的劳动量。一般来说，地块稍大些有利于机耕，土地总体利用率也高些，一般1公顷左右一个地块较适宜。绝大多数家庭菜园面积较小，老菜区一般地头就有干道，垄向或畦向和干道垂直，就不用单留作业道了。新开菜园则必须规划。对于坡地，干道应和坡向一致，使畦向或垄向与干道垂直，这样有利于水土保持，有条件的修成水平梯田最为适宜。菜田的灌溉和排水在土地规划与设计时必须考虑。供排水主干道一般在主道旁边。人作业小道可作供水沟或排水沟。从节水、节能角度考虑，应发展滴灌和喷灌。用旋转式喷灌机械灌溉的，以1排或2排支管的喷头转动一周能覆盖的面积划为一个地块。沟灌的田间灌水沟也可作为排水沟，在规划时应考虑到积水能顺畅地排出，低洼地块、地下水位高的地块以及多雨的地方，一定要有好的排水沟渠。特殊地块可安排动力强制排水、暗管排水或井排。许多家庭菜园需共用排水沟渠，事先大家要协商好，共同修渠。低洼易涝地块规划成深沟高畦。

蔬菜对土壤要求较严格，只有在耕层较深厚、有机质含量多、土壤结构好、保水保肥的土壤上才容易获得优质高产。新开菜园一般不容易达到上述标准，所以在规划时要考虑土壤的改良。菜田土壤改良主要途径有二：一是大量施用农家肥；二是种植有利于改良土壤的作物。

在进行家庭菜园土地规划时应从生产绿色蔬菜角度进行规划，

以减少蔬菜的污染。地下水位高低不一或者坡地，在规划时可将菜田多划分几个小区，在地下水位高或下坡地种植芹菜、菠菜、葱蒜类蔬菜。对土壤水分要求适中的茄果类、豆类、马铃薯等应种在地下水位相对较低的地方或中上坡地。

2. 温室规划

在规划温室时，要注意综合利用，尽量挖掘温室生产潜力。虽然综合利用比较麻烦，但在有限的土地上可获得较高的效益。

在温室内建一个全地下式沼气池，在池上修建猪舍养猪，猪舍内吊笼子养鸡。鸡粪晒干后喂猪，猪粪和厕所粪便自动流入池内，发酵后产生沼气，用沼气给温室加温，也可做饭、照明，同时增加温室内二氧化碳。在温室内种菜和培养食用菌，植株残秧也可作饲料。从接受阳光角度考虑，只有一个平面最适合作物生长，但温室的空间却可以它用，如建地下式养鱼池，养名贵鱼种、蛙种，地上设架床种植蔬菜。建半地下室，培养食用菌、养殖经济动物，乃至家畜家禽，在设计地下式建筑时要考虑适当透光，地上种植蔬菜。温室立体栽培，在进行规划和设计时，必须考虑到立体栽培的设备。

北方寒地严冬生产一般需在温室内建火墙加温（或用作临时加温），可在火墙上面的一定距离设置架床生产蔬菜。可在北侧设置3～4层架床种菜或养花，或者在中柱的前后设置2层栽培床，床上育苗或栽培茄果类蔬菜，床上早春地温高，有利于早熟。架床一般用角钢制作，最好拼装，可随时拆装，并要有一定强度，棱角一定要磨圆，以免碰伤人。

在规划时要考虑到温室、拱棚的水源，尤其冬天除自来水外，不便于从远处引水。地势低洼地块建温室必须考虑排水。

在进行规划时，温室可依托北面建筑物或砖墙，当然必须考虑温室的朝向。同样也可以在温室北侧建一栋房屋作仓库，贮放农具、化肥及各种杂物。

二、特种蔬菜栽培设施的选择与构造

（一）蔬菜栽培主要设施类型与性能

在不适宜蔬菜生长的季节，利用各种设施为蔬菜生产创造适宜的环境条件，从而达到周年供应的栽培形式。常见的设施栽培类型主要有风障、阳畦、遮阳网、地膜覆盖、塑料小棚、小拱棚、塑料中棚、塑料大棚、日光温室等。建造的温室主要有智能温室、钢骨架节能日光温室及竹木结构温室三种。

（二）棚型的合理选择与构建

1. 温室

（1）智能温室　占地面积在1亩以上，亩投资在5万元以上，温室高度在4米以上，方位根据地形条件而定，温室内部的温度、光照、气体条件等环境因子达到自动控制。智能温室投资较高，对于农民来说不太实用。

（2）钢骨架节能日光温室　占地面积0.7～1.3亩，温室结构为砖墙钢骨架结构，亩投资3万元以上，温室长度50～100米，东西延长，方位为正南或南偏西5～10度以内，跨度7～8米左右（作物畦长6～7米，工作路1米）。脊高3.5～3.6米，后墙高度1.8～2.0米。

（3）竹木结构温室　占地面积0.7～1亩，为土墙竹木结构，亩投资2万元以上，温室长度50～100米，东西延长，方位为正南或南偏西5～10度以内，跨度5～8米左右（作物畦长4～7米，工作路1米）。脊高2.5～3.6米，后墙高度1.5～2.0米。

2. 小拱棚的结构与特点

（1）结构　小拱棚一般高1米左右，宽2～3米，长度不限。骨架多用毛竹片、荆条、硬质塑圆棍，或者直径6～8毫米的钢筋等材料弯成拱圆形，上面覆盖塑料薄膜。夜间可在棚面上加盖草苫，北侧可设风障。目前广泛应用的塑料小拱棚根据结构的不同分为拱圆形棚和半拱圆形棚。半拱圆形棚是在拱圆形棚的基础上发展改进而成的形式。在覆盖畦的北侧加筑一道1米左右高的土墙，墙上宽30厘米，下宽45～50厘米。拱形架杆的一端固定在土墙上部，另一头插入覆盖畦南侧畦埂外的土中，上面覆盖塑料薄膜。半拱圆形棚的覆盖面积和保温效果优于拱圆形棚。

（2）特点　小拱棚空间小，棚内气温受外界气温的影响较大。一般昼夜温差可达20℃以上。晴天增温效果显著，阴、雪天效果差。在一天内，早上日出后棚内开始升温，10点后棚温急剧上升，13时前后达到最高值，以后随太阳西斜、日落，棚温迅速下降，夜间降温比露地缓慢，凌晨时棚温最低。春季小拱棚内的土壤温度可比露地高5～6℃，秋季比露地高1～3℃。小拱棚的空气相对湿度变化较为剧烈，密闭时可达饱和状态，通风后迅速下降。

3. 日光温室

日光温室的性能主要通过光照、温度、湿度、气体等几个参数来体现。

（1）光照　温室内的光照条件决定于室外自然光强和温室的透光能力。由于拱架的遮阴、薄膜的吸收和反射作用，以及薄膜凝结水滴或尘埃污染等，温室内光照强度明显低于室外。以中柱为界，可把温室分为前部强光区和后部弱光区。山墙的遮阴作用，午前和午后分别在东西两端形成两个三角形弱光区，它们随太阳位置变化而扩大和缩小，正午消失。温室中部是全天光照强度最好的区域。在垂直方向上，光照强度从上往下逐减，在顶部靠近薄膜处相对光强为80%；距地面0.5～1米处相对光强为60%；距地面20厘米处为55%。

（2）温度　日光温室内的热量来源于太阳辐射，受外界气候条件影响较大。一般晴天室内温度高，夜间和阴天温度低，在正常情况下，冬季、早春室内外温差多在15℃以上，有时甚至达到30℃，地温可保持在12℃以上。冬季晴天室内气温日变化显著。12月和1月，最低气温一般出现在刚揭草苫之时，而后室内气温上升，9～11时上升速度最快。不通风时，平均每小时升高6～10℃。12时以后，上升速度变慢，13时达到最高值。13时后气温缓慢下降，15时后下降速度加快。盖草帘和纸被后，室内短时间内气温回升1～2℃，而后就缓慢下降。夜间气温下降的数值不仅取决于天气条件，还取决于管理措施和地温状况。用草帘和纸被覆盖时，夜间气温下降4～7℃，多云、阴天时下降2～3℃。日光温室内各个部位温度也不相同。从水平分布看，白天南高北低，夜间北高南低。东西方向，上午靠近东山墙部位低，下午靠近西北墙部位低，特别是靠近门的一侧温度低。日光温室内气温垂直分布，在密闭不通风的情况下，在一定的高度范围内，通常上部温度较高。

（3）湿度　日光温室内空气的绝对湿度和相对湿度一般均大于露地。在冬季很少通风的情况下，即使晴天也经常出现90%左右的相对湿度，夜间、阴天，特别是在温度低的时候，空气的相对湿度经常处于饱和或近饱和状态。温室空气湿度的变化，往往是低温季节大于高温季节，夜间大于白天。中午前后，温室气温高，空气相对湿度小，夜间湿度增大。阴天空气湿度大于晴天，浇水之后湿度最大，放风后湿度下降。在春季，白天相对湿度一般为60%～80%，夜间在90%以上。其变化规律是：揭苫时最大，以后随温度升高而下降，盖苫后相对湿度很快上升，直到次日揭苫。另外，温室空间大，空气相对湿度较小且变化较小；反之，空气湿度大且日变化剧烈。温室内的土壤湿度较稳定，主要靠人工来调控。

（4）气体　由于温室处于半封闭状态，导致室内空气与室外有很大差别。温室中的气体主要有二氧化碳、氨、二氧化氮。温室中二氧化碳主要来源于土壤中有机物的分解和作物有氧呼吸。在一定范围内，二氧化碳浓度增加，作物光合作用的强度增加，产量增加。氨气是由施入土壤中的肥料或有机物分解产生的。当室内空气中氨气浓度达到5毫克/千克时，可使植株不同程度受害。土壤中施入氮肥太多，连作土壤中存在大量反硝化细菌，都是产生二氧化氮气体的原因。二氧化氮浓度达到2毫克/千克时，可使叶片受害。

（三）设施内环境调控与管理技术

设施栽培水肥一体化高效节水技术是按照作物需水、需肥要求，根据土壤墒情和养分状况，通过低压管道系统与安装在末级管道上的灌水器，将水和养分以较小的流量均匀、准确地直接输送到作物根部附近的土壤表面或土层中的灌水施肥方法。本地温室大棚黄瓜生产中已在应用这项新技术，既节约成本，又取得了较高的经济效益。

使用设施栽培水肥一体化高效节水技术的好处：

（1）提高水的利用率　系统全部由管道准确、适时、适量地向作物根层供水，并可根据需要对作物进行局部灌溉施肥。一般较地面灌溉省水1/3～1/2，比喷灌省水1/7～1/4，保护地栽培条件下比畦灌每亩每季节水80～128米^3，提高水的利用率。

（2）减少肥料淋失，提高肥效　滴灌施肥大多集中在根层附近，易被作物吸收。保护地滴灌施肥，氮肥利用率57%～65%，磷肥和钾肥利用率分别为30%～40%和70%～80%，比畦灌冲肥节肥35%～50%。

（3）省工　滴灌施肥减少了灌溉、施肥的劳力投入，由于棚内空气湿度显著降低，减少了农药和防治病害的劳力投入。保护地蔬菜栽培采用该项技术比畦灌冲肥平均每年每亩节约投资450元。

（4）有效改善棚内环境　采取保护地膜下滴灌，棚内空气湿度显著降低，比畦灌棚内空气湿度降低8.5～15个百分点，同时棚内气温提高2～4℃，地温提高1.05℃。

（5）有利于改善土壤理化性状　滴灌浇水均匀度90%以上，注入水分少，土壤疏松，容重小，空隙适中，比采用沟灌土壤总空隙度提高4.75%。土温较高，有利于增强土壤微生物活性，促进土壤养分转化和作物养分的吸收。

（6）适用于各种地形和土壤　微灌施肥系统利用低压管道输水，将管道埋设于地下，能适应各种地形条件，或减少土地占压。不同的土壤具有不同的入渗率，通过调节灌水器出量和灌水时间，既不产生地表径流，又不产生根层下的深层渗漏，使作物根层经常保持适宜作物生长的水分。

第二章

特种蔬菜品种选择与育苗技术

第一节　品种选择

一、特菜概念及构成

自 20 世纪 80 年代以后，在改革开放的新形势下，我国外事、外贸及旅游事业空前繁荣，各涉外宾馆、饭店、旅游行业等需要特殊配菜供应。为了满足这部分需求，开始从国外引进“西菜”品种，当时“西菜”属于特需供应，市面上很少见，所以就有人称这类蔬菜为特菜。经过 30 年的引种与推广，如今有些特菜已成为人们熟悉的“大众蔬菜”。专家指出：所谓“特菜”，是指从国外引进的“西菜”和我国某些地区的名、特、优、新蔬菜。它们大多具有特别营养，风味独特，有的种类还有一定的保健防病作用。可见，特菜并不是由植物学分类而得名。

二、广义的特菜

特菜可分为以下几类：

1. 西菜

由国外直接引进的品种。如菊苣、结球生菜、西芹、青花菜、球茎茴香、羽衣甘蓝、牛蒡等。

2. 新育成品种

即农业科技工作者利用先进育种技术培育出的新品种。如彩色大椒、无刺黄瓜、橘红心白菜等。

3. 各地名优品种

即我国某些地区的名、特、优蔬菜品种。如莼菜、紫菜薹、豆薯、榨菜、菜心、芥蓝、紫背天葵、节瓜、佛手瓜、心里美萝卜等。

4. 野生蔬菜

近年来野生蔬菜重新被人们所瞩目，经过挖掘开发，有的成为很好的食用蔬菜。如华北的蕨菜，江苏、湖北的芦蒿，甘肃、内蒙古的沙芥，内蒙古的口蘑，安徽、江苏的马兰菜以及各地的荠菜、马齿苋、苣荬菜、蒲菜、豆瓣菜等。

5. 微型蔬菜

微型蔬菜又称袖珍蔬菜，形状小巧玲珑，也是近年比较流行的蔬菜品种。如樱桃番茄、樱桃萝卜、迷你黄瓜、指形西葫芦、朝天小辣椒等。这类蔬菜中有引进的，也有新培育出的。

第二节　育苗技术

在蔬菜生产中，因为有60%以上的蔬菜种类需要育苗，所以人们对育苗设施的改进和技术的提高都是非常重视的。从20世纪70年代末以引入电热控温技术为中心的电热育苗开始，各地先后对传统育苗技术进行了一系列的改革，其主要内容为：控温催芽出苗（催芽室的应用），提高并控制地温（电热温床的应用），改善床土结构及营养（合理配制营养土），实行无土育苗，改革育苗设施（用大、中棚代替小棚育苗），改善光照条件，适当缩短育苗期，保温节能（多层覆盖），容器育苗等。改革后的育苗技术形成了一套新的育苗程序，采用了一些新的育苗方法，建立并应用了初步科学化、标准化的技术规范。

一、育苗方式

蔬菜育苗依季节可分为冬春育苗和夏秋育苗；按采用的不同育苗方式可概括为露地育苗和保护地育苗。露地育苗多在适宜季节进行，操作简便，技术易掌握。保护地育苗是指利用现代先进设备和技术措施，为非正常生长发育适期的蔬菜栽培服务的，通过人为调控和改变局部环境条件而创造出一个类似或接近于蔬菜正常萌发所需要的外部环境条件，从而促使蔬菜种子在非正常期萌动发芽、出苗、生长的过程。

保护地育苗根据对温度的控制管理不同又可分为增温育苗和降温育苗两种。增温育苗主要用于夏菜的早熟栽培育苗（包括越冬育苗）；而降温育苗则主要用于夏种秋收和秋种冬收的蔬菜生产栽培育苗。

增温育苗根据热源的来源不同又可分为冷床育苗和温床育苗。在保护设施下只利用太阳光能而没有其他人工加温措施的育苗方式，称为冷床育苗，包括阳畦和塑料棚育苗等。除利用太阳光能外还有其他加温措施的育苗方式，称为温床育苗。温床育苗根据加温方式的不同又可分为酿热加温育苗、火热加温育苗和电热加温育苗等。

降温育苗根据使用的降温材料不同也可分为作物秸秆遮阴降温育苗和遮阳网遮阴降温育苗等几种形式。育苗方式还有工厂化育苗、无土育苗、组织培养化育苗和无性营养繁殖育苗等。

我国的蔬菜育苗技术，已由简单的风障、阳畦草苫覆盖育苗发展到目前一些单位或企业所具有的工厂（机械）化育苗水平的现代育苗技术。蔬菜育苗技术在发展过程中的每一次变革或提高，也都是与社会经济的发展和蔬菜生产发展的需要同步。如电加温线的出现，使风障阳畦育苗迈上了一个新台阶；无土育苗技术使传统的营养土育苗进行了一次革命；穴盘育苗技术又使蔬菜育苗进入机械操作的工厂化时代，也为蔬菜生产集约化、工厂化、企业化提供了可靠的保障。

二、设施育苗技术

工厂化穴盘育苗技术的优点：①节能、省资材，传统营养钵100苗/米^2，穴盘育苗500～1000苗/米^2，每棵穴盘苗只需不到50克基质，钵苗500～700克；②省工省力，精量播种每小时生产700～1000盘，播种7万～10万棵全部实行机械化、自动化，生产效率得到极大的提高；③苗的质量好，全部实行优化的标准化管理，苗的素质优于传统育苗；④适于长距离运输。

俗话说“好苗半季产”，这充分体现了育苗的重要性。几乎所有的设施栽培蔬菜都需要育苗，这不仅节省了土地，缩短了田间生育期，有利于茬口配套；更重要的是能够培育壮苗，为将来的高产打下基础

常规育苗主要是指地面直播、营养钵、营养袋育苗，可以选择地面育苗（冷床）。

（一）营养土的配制与消毒

1. 营养土的配制

选择 3 年内没有种过蔬菜的沙壤土与腐熟的有机肥，以 6∶4 的比例混合，晒干、打碎、过筛，每立方米培养土中加入 1 千克左右的磷酸二铵混匀。

2. 营养土的消毒

常用福尔马林（40%甲醛）100 倍液进行喷洒处理，喷洒后充分拌匀堆置，上面覆盖一层塑料薄膜，堆闷 7～10 天后揭开，待药气散尽后即可使用。

也可采用杀菌剂与培养土混合进行消毒，每立方米苗床用 50%多菌灵或 50%福美双 8～10 克，与干细土 10～15 千克拌匀制成药土。播种前将 1/3 的药土均匀撒在床面上，作为垫土；播完种后，再将余下的 2/3 药土均匀撒在种子上，作为盖土。

3. 造床

将营养土于播种前一天平铺在下挖的苗床上，厚 10 厘米左右，营养钵育苗可选择 10 厘米×10 厘米的大钵，将营养土装满，整齐摆放于平整的苗床上，不要拥挤，钵间填满细土，四周围土，露出营养钵边缘即可，浇透水，以备播种。

（二）种子处理与播种

1. 浸种

（1）温汤浸种　方法是将干种子倒入 55～60℃的热水中，水量为种子量的 5～6 倍，不断搅拌和添加热水，保持恒温 15～20 分钟，水温降至 30℃再继续浸种，最后用湿纱布或毛巾包好后催芽。

（2）种子消毒　可选用 10%磷酸三钠溶液浸种 10～15 分钟，或 1%硫酸铜溶液浸种 5 分钟。严格掌握药水的浓度和浸种时间，

药液处理后一定要用清水将种子冲洗干净。包衣的种子不需要浸种催芽过程。

2. 催芽

将浸种后的种子用湿纱布或湿毛巾包好，平摊在育苗盘内，其上盖一层湿布。每天用温水将种子淘洗2次，洗净种皮上的黏液，洗后将种子摊开透气10分钟。当75%的种子芽尖露白即可播种。不同蔬菜种子催芽温度不同（见表2-1）。

表2-1 不同蔬菜种子浸种和催芽的适宜温度和时间

蔬菜种类	浸种时间/小时	适宜催芽温度/℃	催芽时间/天
西红柿	6～8	25～27	2～4
黄瓜	4～6	25～30	1.5～2
西葫芦	5～6	25～30	2～3
辣椒	12～24	25～30	5～6
茄子	24～36	28～31	6～7
小白菜	2～4	18～21	1.5
甘蓝	2～4	18～20	1.5
菜花	3～4	18～20	1.5
芹菜	36～48	20～22	5～7
菠菜	10～12	15～20	2～3
茼蒿	8～12	20～25	2～3
香菜	24	浸种后播种	
大葱	12	浸种后播种	
圆葱	12	浸种后播种	
韭菜	12	浸种后播种	

3. 播种

（1）品种选择　选择适宜当地气候环境，并符合消费习惯和市场需求的优良品种。

（2）播种方法　营养钵育苗时采取穴播的方式，地面育苗采取条播或撒播的方式。条播是在苗床上每隔10厘米打成播种条，将种子精量播于其中。撒播则是采取全层撒播的方法。

（三）苗期管理

1. 设施覆盖

夏季育苗，播种后搭建小拱棚覆盖遮阳网和防虫网，集中育苗可温室整体覆盖遮阳网；冬季育苗，温室内搭建塑料小拱棚，必要时可增加中拱棚保温。

2. 温度管理

夏季育苗，中午覆盖遮阳网降低温度，早晚揭开，保证育苗过程中有一定的温差；冬季育苗，出苗前密闭保温，齐苗后通风降温。

3. 水肥管理

苗床“宁干勿湿”，一般不需要浇水施肥，确实干旱脱肥，可叶面喷洒0.2%磷酸二氢钾或0.2%尿素溶液缓解。

4. 光照管理

夏季育苗，中午强光时覆盖遮阳网，早晚揭开，齐苗后陆续撤除，见光壮苗；冬季育苗，尽量多见光。

三、嫁接育苗技术

（一）嫁接育苗的意义

蔬菜作物嫁接的主要意义在于增强作物的抗病性，以及对环境的适应能力。如西瓜容易感染枯萎病，而瓠瓜不易；番茄容易感染青枯病，而茄子则不易。在生产上往往利用其抗病性的差异，分别用瓠瓜、茄子作砧木、西瓜、番茄作接穗，将西瓜、番茄幼苗分别嫁接于瓠瓜、茄子幼苗上，从而达到预防西瓜枯萎病和番茄青枯病的目的。

（二）嫁接成活的原理

1. 亲和性

砧木和接穗要有一定的亲缘关系，才能保证嫁接成活。亲缘关系的远近程度要求至少砧木与接穗是同科的植物。

2. 嫁接原理

只有砧木与接穗之间的形成层吻合，才能成功。但蔬菜幼苗组织柔嫩，多为薄壁细胞，均有分生能力，不一定要求切面是形成层，只要求砧木和接穗两者能保持紧密接触，削面细胞分裂生长，使之能迅速愈合。

（三）嫁接技术

1. 选择适当大小的砧木与接穗

一般而言，砧木要比接穗大，故要适当提前播种，如西瓜嫁接，用瓠瓜作砧木，应提前1周左右播种；番茄嫁接，用茄子作砧木，因茄子生长慢，宜提前15～20天播种。对于接穗而言，苗龄愈小愈好，愈小愈容易成活；太大的苗子，由于蒸发量大，容易凋萎，影响成活率。

2. 采用适用的嫁接技术

蔬菜嫁接有插接、靠接和劈接三种方法。生产上多用劈接，其嫁接成活率高达90％以上，嫁接后的幼苗便于集中管理。劈接的程序如下：先向砧木苗床浇水，使床土湿润，便于起苗，少伤根系，然后小心将砧木从苗床起出，接穗随后扯出，去掉砧木的生长点，仅保留2片子叶（瓜类）或1～2片真叶（茄子），随后用双面剃须刀在砧木顶端偏一侧下刀，竖切1厘米深，切口宽度为茎直径的2/3为宜，不要将整个茎劈开。接穗高度以1.5厘米为宜，用刀片在接穗茎下胚轴1厘米处下刀，即在下胚轴两边各斜切一刀，使接穗茎基成楔形，要求切口要平整。然后将楔形接穗插入砧木切口内，使其吻合。最后一道工序是用棉线捆缚，使其固定，要求拧成活线，便于日后解线。也可用嫁接专用塑料夹夹住接合部位，使接穗固定在砧木上。嫁接后立即定植于苗床，并浇上压蔸水。

（四）嫁接后的管理

嫁接后由于幼苗根系损伤，接口还未愈合，幼苗的吸收功能与输导功能尚未健全，故要对幼苗采取一些特殊的管理措施，创造有利于幼苗根系恢复、接口愈合的良好环境条件。其管理要注意以下几点：

1. 温度

维持较高的苗床温度，一般以20～25℃为宜，在此温度下幼苗新根发生快，接口容易愈合。采用小弓棚覆盖往往可以达到保温效果。值得注意的是，晴天弓棚内温度过高，寒潮来临的夜晚温度偏低，要准备好配套的覆盖材料，如草帘等，晴天可遮阴，寒夜可保温。

2. 湿度与通风

在幼苗吸收与输导功能尚未健全的情况下，要尽量降低蒸腾强度，防止嫁接幼苗失水过度而引起萎蔫，这是影响嫁接成活的关键之一。解决办法是保持苗床内较高的土壤与空气湿度，一般采取拱棚覆盖完全可以达到这一目的。值得注意的是在湖南早春季节，拱棚密盖的情况下，往往会湿度过大，容易诱发沤根、霉蔸等病害。解决方法是经常通风，在气温较高时敞开拱棚两端或不时部分揭开。

3. 光照与遮阳

嫁接幼苗在3～5天不接受光照，不会造成大的影响，但在阳光照射下，接穗很容易因蒸腾失水而凋萎，因此必须采取遮阳措施，防止失水过多。一般经3～4天保温、保湿、遮阳，接口就可愈合。接口愈合后，逐步增加通风和见光量，锻炼接穗的适应能力。

4. 解线或去夹

嫁接苗接口愈合稳后，要及时解线或去夹，一般5～6天后解线为宜。过早，接口愈合未稳，易受伤害；过迟，影响接合部位的长大，多凹陷或变畸形。解线或去夹均应小心进行，防止因用力过猛而损坏幼苗。解线后，如外界气温适宜，则可揭去全部覆盖材料，让嫁接苗在露地生长，以适应自然环境。不过揭去覆盖应逐步进行，给幼苗一个适应过程。

5. 抹异芽

砧木的顶芽虽已切除，但其叶部的腋芽经一段时间仍能萌发，从砧木上萌发的腋芽不仅会跟接穗争空间、夺取养分和水分，而且也不是栽培所需要，故称异芽，应抹掉。抹异芽一般集中进行2～3次。

6. 肥培管理

当接穗破心时，要加强肥培管理，具体做法是先用小锄或竹竿松动表土层，再追以20%～30%的腐熟人粪尿，进行提苗。此项措施在苗期可进行2～3次。

四、容器育苗技术

（一）容器育苗的特点

容器育苗是20世纪50年代由北欧发展起来的，70年代得到迅速的发展，并已发展到50多个国家和地区。这主要是随着塑料工业的发展给制造容器和建立塑料大棚与温室提供了所需材料，因而加速了容器苗的发展。

容器育苗主要是相对于传统地床育苗而言的，是利用育苗筒、育苗钵以及育苗盘等容器来培育秧苗的育苗方法。广义上的容器育苗也包含营养土块育苗。容器育苗是当代世界林业的一项新技术，也用在蔬菜育苗上。同裸根苗相比，容器育苗具有占地少、不占用好地、节约用种、育苗周期短、秧苗质量规格易于控制、便于实现育苗作业的机械化、便于秧苗运输和保护根系等许多优点，从而备受世界各国重视。

蔬菜秧苗定植到栽培田后管理的中心工作就是促进其快速缓苗，缓苗期的长短除环境条件外，跟秧苗的根系有很大关系。容器育苗是保护根系的最有效的措施。而且在现代化育苗系统中，也只有采用容器育苗才能够实现异地育苗、集中育苗、分散供应的秧苗运输要求。

（二）容器的种类与规格

1. 塑料薄膜容器袋（筒）

一般用厚度为0.02～0.6毫米无毒农用塑料膜加工制成。育苗时需填装基质，这种容器比较牢固，保温、保湿效果良好，价格较低，适宜培育各种规格的苗木。

2. 营养砖

用腐熟的营养土、火烧土、苗圃土，加适量的无机肥、锯末或谷壳等配成营养土，直接由营养土加水调和压模、打孔制成方形营养砖。上部中间处压一个直径2～3厘米、深4～5厘米的播种孔，播种时即将种子播入其内，无需再填装基质。

3. 营养杯（钵）

用富含腐殖质的田泥、塘泥、湖泥、河泥或黏性适中的熟耕土，加入适量的磷肥和有机肥，压制成圆台状或圆柱状，上端压有播种穴，无需填装营养土。

4. 蜂窝纸杯

用单面涂塑的育苗纸热黏或胶黏而成的蜂窝状育苗杯，外层为牛皮纸，起黏胶和硬衬作用。

（三）容器育苗的营养土（基质）

1. 营养土应具备的条件

营养土就地取材，来源广，易获取，成本低，营养充分，物理性能良好，保证疏松、透气，保水保肥。土壤的酸碱度要适宜，不得感染检疫性病虫害。

（1）自然土　常用于作盆土的自然土壤有以下几类：田园土、河沙、腐叶土（松针土）、泥炭土（草碳）。其中腐叶土的pH值在4.5～5.5之间，其他几类的pH值则在5～7之间。

（2）土壤替代物——其他基质

① 蛭石　是由云母类矿石在800～1000℃高温下加热膨胀形成的云片状物质。蛭石质轻，吸水性好，透气性强，无肥力，但保水保肥性强。不腐烂，pH 6.5左右。可单独作基质应用，多与其他基质混合使用，以增强其透气性和保水能力。

② 珍珠岩　是由含铝硅化合物的火山岩经1000℃以上高温加热膨胀形成的粒状物质。珍珠岩质轻，透气，无肥力，不腐烂。保水性不及蛭石，保肥性差，pH 6.5～8。主要用于配制混合基质，一般不单独使用。

（3）陶粒　是由黏土在800℃高温下烧制而成的粒状基质。它透气、透水，保水性较好，有一定保肥性。多作为花盆的垫底材料、遮土材料或无土栽培。

（4）椰糠（椰壳粉）　椰糠是椰子壳的粉碎物。黑褐色的椰壳纤维，透气性与保水性好，保肥性差，pH 5.5～6.5。

（5）蕨根　紫萁、桫椤等蕨类植物的根或茎统称蕨根。蕨根黑褐色，排水、透气性好。主要用于热带兰的栽培。

（6）水苔　又名白藓或水草、山绒，是产于山林岩石峭壁之上或溪边荫湿地方的苔藓类植物。本身为浅绿色，干燥后成黄绿色或黄褐色。水苔吸水保湿性好，疏松透气，洁净。

2. 营养土的配制

（1）泥炭沼泽土和蛭石混合法，按干重计算，其比例有1∶1、3∶2、3∶1几种，再加入适量的石灰（或白云石）及矿物质。

（2）泥炭沼泽土25%～50%，其余为蛭石和土壤。

（3）烧土和堆肥配制，比例为2∶1。

（4）富含有机质、保水性强的苗圃土壤、泥炭沼泽土和腐熟的堆肥，比例为5∶3∶2。

（四）播种育苗

1. 容器装土和摆放

（1）装土　以营养土压制的容器，先摆在苗床上，然后在播种穴中填入少量的营养土，以便于把种子播在适宜的深度。容器袋之类的，则需将营养土填入容器中，装土时边装边抖动，而不要用手硬往里压，使袋内土壤装实，但不撑破容器。

（2）摆放　各种容器摆放，整齐划一。容器互相靠紧，直立向上，容器上口平齐，且横竖成行，摆放整齐。容器间填以细土，使达容器口以下3～4厘米左右。

2. 播种

容器育苗种子处理与播种苗相同，但播种期则应根据树种特性、沼气气候条件、育苗方式、培育期限和造林季节等合理确定。

3. 覆土

播种后要及时覆土，覆土厚度以种子短轴直径的1～3倍为宜，一般约为1～2厘米，小粒种子以不见种子为度，均不可太厚。芽苗播种时和播种后，不宜再覆土，应在播时和播后适量滴水浇苗，以使芽苗培根与土壤密接。

4. 灌水

灌水包括播前灌水和播后灌水。播前灌水是为了增加土壤湿度，检查土装填数量。播后灌水以喷水为佳，可使种子与营养土密接，有利于种子萌发。

（五）育苗地管理

（1）喷水保湿。播种或移芽之后，及时浇“定根水”。

（2）预防鸟兽危害。植物出苗前易为鸟兽所偷食，应注意保护。

（3）及时撤除覆盖物。当出苗率达70%左右时，应分期分批撤除覆盖物，以增加光照，促进幼苗生长。

（4）遮阴防晒。进入5月份，气温较高，天气干燥，苗木易受日灼危害。可在苗床上方遮阴，透光率以50%为宜。

（5）松土除草。容器育苗不同于大田育苗，杂草一般较少，但也应及时除掉。松土注意深度要浅，不要伤及苗根。

（6）接种菌根。苗木生长过程中，叶色变黄或呈暗紫色；6～7月间，苗木先发黄，后变紫，生长萎缩，说明营养土接种菌根失败，必须重新接种。方法是掘取新鲜松林土，放入营养袋中。

（7）适量追肥。春播容器苗，多数长出3片真叶时开始追肥，以0.2%尿素喷施，每20天一次，至8月上旬为止。秋季容器苗，一般不宜追施氮肥，而应多施钾肥。

（8）断根处理。容器较小，苗木生长较快，或移栽不及时，苗根可能伸出容器，应及时通过移动或重摆容器截断伸出的苗根，促进容器内形成根团。

（9）病虫害防治。应以预防为主，及时检查，及时发现，及时防治。

（10）补苗和定株。出苗期，如发现苗木不全，应及时补苗。即可将无苗的容器取出，换以有苗容器。

（六）容器苗出圃

1. 苗木出圃的规格

由于苗种、育苗方法、育苗季节、苗龄和种植地立地条件不同，容器苗出圃的标准差异很大。要注意检查容器苗根系是否发达，苗木生长是否健壮，顶芽是否完好，苗木是否充分木质化等。

2. 起苗与出圃

容器苗起苗应与定植时间相衔接，做到随起、随运、随栽。

五、无土育苗技术

针对各地菜农在育苗时采用土壤育苗，特别是连作地的土壤育苗，带来很多的土传病害问题；或是不分季节的冬季育苗，土温难以上升等问题，难以育出满足需要的幼苗。自行搭建简易的育苗床、育苗池，可以培育出质量较高的秧苗，且避免了自配基质而带来的一系列的理化性质检测的问题，而使得生产成本较低，且可以不受时间、空间的限制，苗移栽定植后，育苗池可以随时拆除。

1. 选择合适的基质

育苗基质起到固定根系、保护根系、促进根系生长的作用。要求基质通透性好、保水性强，有一定的凝聚性，清洁干净、无病菌，酸碱度要适中，不含有毒物质，能均衡持久地满足秧苗营养要求。可以采用云南省烟草公司研制的烤烟专用漂浮育苗基质，经过检测，其理化性质均符合要求。在装盘时，先将基质边搅拌边用塑料壶轻轻地少量喷水，混合均匀，湿度为手握成团、自由落体散开则可。

2. 穴盘的选择

目前我国市场上穴盘的种类比较多。使用 72 穴，长×宽为 50 毫米×280 毫米倒立金字塔形的方形穴盘较好。这种形状的穴孔更有利于秧苗的根系向深处发展，得到充分发育，根系发生缠绕的情况也较少，穴孔中介质均匀一致，便于管理。

3. 装盘压孔

直接将配好的基质装入事先已经消毒好的穴盘里，填充量要充足。用手指在刚填好料的穴盘料面上轻轻一按，不能出现手指按一下陷进一半的现象，否则说明介质填充不足，经过淋水、搬运基质会下沉板结。填料要均匀，否则穴孔会出现干湿不均现象，不利于种子发芽和幼苗生长。填装完后用一块小木块将基质刮平，然后在装好基质的穴盘上用一盘空育苗盘向下对齐，均匀用力压下，使得育苗盘中的基质下压 1 厘米，然后用 1 厘米粗细的竹棍使劲压下，打出一个 0.5 厘米深的孔，这样可以使基质被压实 1 厘米，而且每个穴室中央有一个凹下去的 0.5 厘米深的孔，可作为播种的位置。

4. 建床、搭棚、填沙、浇水

在具有喷灌设备的育苗地点，直接将装好、处理好的育苗盘放在喷头下则可。而在没有喷灌设备的育苗地点，计划准备播种所用的穴盘数，在穴盘间留10厘米间距，建立一个育苗池，池高10厘米则可，四周用砖，上垫薄膜，用竹竿弯成拱形，上罩防虫网（夏季）或地膜（冬春季）。将穴盘按照边距10厘米、间距10厘米摆好，小心用干净的河沙将育苗盘之间、育苗盘与边之间的空隙填满，浇水于池，使得水的高度为育苗盘平放高度的2/3，利用浸润吸水，12小时可以使基质完全浸润，才可播种于其中。

5. 温汤浸种、催芽

将选好的种子用温度为55～60℃的热水浸泡15分钟，边浸边搅拌，力求受热均匀，15分钟后，加入冷水使水温降至30℃，再浸4～6小时，中间搓种子几次，除去种子表面的黏液，待6小时后，捞起种子，稍晾干，包于毛巾或纱布中，在恒温28℃下催芽，2～3天，待胚根长至0.5厘米播于育苗盘中。中间需要每天用温水清洗种子，防止种子霉烂。

6. 点播种芽

经催芽后，用镊子将种子播于育苗盘中。在播种时注意，种子平放、胚根向下，因种子表面有黏液，易粘镊子，注意下意识地将种子的胚根平放挂在基质中竹棍打出的小孔中，每穴播一粒发芽种子。

7. 播后覆盖

多数作物的种子在播种后都需要盖种，满足种子发芽所需的环境条件，保证其正常萌发和出苗。覆盖料不能太少，太少失去盖种意义，种子会戴帽出土；但也不能太多、太厚，以防造成种子深埋，影响出苗率；应以种子直径的3倍为宜。上覆基质，铺平，轻轻压实，然后在基质上再覆盖1厘米的河沙，轻轻压实，可以有效防止“戴帽出土”。

8. 播后管理

使用浸润基质，在播种后一般不需要浇水，保持床温白天28～32℃，夜晚17～20℃。2～4天，则苗基本可以出齐。注意检查是否有戴帽出苗的，如有，注意从两侧小心撕去种皮。出苗后白天床温 22～25℃，夜晚 15～17℃。

9. 严防徒长

一般认为高质量的穴盘苗应根系发达、高度适中、适时开花、无病虫害。徒长往往是设施内育苗最大的问题，因而必须控制徒长。

（1）温度控制　一般来说，春冬季在出苗后掌握在 18～21℃，夏季在出苗后掌握在 25～28℃。

（2）水分　一般控制在相对湿度 70％左右。相对湿度过大，会使穴盘苗徒长。所以，应提高温度和加强通风，努力降低相对湿度。

（3）加强光照　保持设施内的充足光照。

（4）肥料　氮肥施用量过大会引起植物徒长。特别是在多云的天气，铵态氮肥使穴盘苗生长柔弱，而硝酸钾和硝酸钙类的硝态氮化肥则使植物生长健壮，所以特别是在冬季，要控制穴盘苗高度，就要施用含铵态氮低的肥料。同时对穴盘育苗而言，苗期对于养分的需求较小，不需要特别追肥。

（5）化学调控　除了通过环境控制徒长外，最直接的控制徒长方法是使用生长激素，如多效唑、B9，但使用浓度要严格控制。

（6）对于已经徒长的苗，可以在假植时栽得深一些，保持子叶在土面上 2 厘米则可。

10. 适时防治病虫害

瓜类蔬菜穴盘苗主要病害是猝倒病、立枯病，虫害主要是蚜虫、白粉虱。防治猝倒病、立枯病，一般措施是播种前进行基质消毒，控制浇水，浇水后放风，降低空气湿度。发病初期喷施 50％多菌灵或 50％代森锌 800 倍液、70％敌克松 800 倍液。对于蚜虫、白粉虱悬挂黄色粘虫板或黄色板条（25 厘米×40 厘米）（在农资门店均有售，价格极低），30～40 块/亩，防治效果极好。因蚜虫、白粉虱具有移动能力，喷施各种药剂防治效果均较差。

11. 分苗假植

使用浸润育苗，根系发育较快，需要尽快分苗，在第一片心叶出现、子叶完全展平时，则可分苗假植。待 2～3 片真叶、苗高 15～10 厘米时，则可定植到大田。

穴盘育苗不受季节限制，根系多、健壮，可带坨移植，移植后无缓苗期，成活率高，植株健壮，大大缩短了育苗周期，也提高了繁殖系数，是一项既经济又环保的实用育苗技术，有很好的应用前景。

六、育苗中常见问题原因分析与预防措施

（一）出苗不整齐

1. 主要原因

种子质量差，生长势弱，种子成熟度不一致或新陈种子混杂播种；苗床环境不均匀，局部间差异过大；播种深浅不一致。

2. 预防措施

选用质量高的种子；提高播种质量，覆土厚度要一致；加强苗床管理，保持苗床环境均匀一致。

（二）子叶戴帽出土

幼苗出土后，种皮不脱落而夹住子叶，随子叶一起出土。

戴帽苗与正常苗区别："戴帽"苗与正常苗比较，"戴帽"苗的子叶不能正常伸展开，一是子叶不能进行正常的光合作用，不能为早期真叶的生长提供足够的营养，幼苗生长缓慢、弱小；二是妨碍以后真叶的生长，易造成叶片卷曲变形；三是被种壳夹住的子叶部分往往先期发黄，后枯死易感染病菌，引发苗期病害。

1. 主要原因

覆土过浅对种壳的阻力不够；播种方法不当，如瓜类种子立放等。

2. 预防措施

播种深度要适宜；出土时覆盖细土，增加土壤对种壳的阻力；瓜类种子要平放等。

（三）高脚苗

高脚苗是指下胚轴过长、苗茎细弱、叶片小的幼苗。

1. 主要原因

光照不足特别是苗床内发生拥挤，更易使下胚轴过长；温度过

高，尤其是夜温偏高；土壤湿度过大。

2. 预防措施

播种要适量，出苗后适当间苗；及时分苗；保持充足的光照；出苗后，加强通风降温；不偏施氮肥。

（四）老化苗

老化苗又称僵苗、小老苗。主要表现为茎叶生长缓慢，叶小，叶色深、发暗，幼苗低矮或瘦弱，瓜类幼苗易出现花打顶。老化苗定植后发棵慢，易早衰，且产量低。

1. 主要原因

苗期长期干旱缺水；苗床温度长时间偏低，特别是长时间低于生长的最低温度；肥料浓度过高，造成烧根。

2. 预防措施

保持苗床内适宜的温度、湿度；炼苗时，控温而不过度控制土壤湿度，用充分腐熟的有机肥，苗期施肥浓度要低。

第三章

特种叶菜类蔬菜栽培技术

第一节　羽衣甘蓝栽培技术

一、羽衣甘蓝特性

羽衣甘蓝别名叶牡丹、牡丹菜、花包菜、绿叶甘蓝等，属十字花科芸薹属，二年生草本，为食用甘蓝（卷心菜、包菜）的园艺变种。其具有适应性强、易于种植、营养丰富、色彩鲜艳等特点，是一种食用性和观赏性兼备的优良植物。栽培一年植株形成莲座状叶丛，经冬季低温，于翌年开花、结实。总状花序顶生，花期 4～5 月，虫媒花。果实为角果，扁圆形，种子圆球形，褐色，千粒重 4 克左右。

二、羽衣甘蓝类型和品种

羽衣甘蓝有很多品种，按植株高度分，有高生种和矮生种，高生种株高可达 3 米，矮生种株高仅 30 厘米左右。

按叶片分，有皱叶和平滑两种类型，均采收嫩叶作食用，而皱叶型更受消费者欢迎。皱叶型的叶皱成羽状分裂，裂片互相覆盖而卷曲，外观像一根羽毛。

从叶片颜色分，边缘叶有翠绿色、深绿色、灰绿色、黄绿色，中心叶则有纯白、淡黄、肉色、玫瑰红、紫红等品种。

近年来，我国从美国、英国、德国和荷兰引进了一批羽衣甘蓝品种，在一些大城市已作为蔬菜开始栽培并逐步发展。

维塔萨是从欧洲引进品种中经系统选育而成，叶片浅绿色，长椭圆形，叶柄长，边缘呈羽状分裂，叶面皱褶多，叶片生长速度快，生长整齐，外观漂亮，既可食用，又有很高的观赏价值，可做盆花和插花。株高 40～50 厘米，质地柔软鲜嫩，风味好，含钙量高，适应性强，既耐热又抗寒。每株可陆续采收 20～30 片叶，采收期长达 6 个月以上，亩产量 2000 千克以上，为目前表现最好的品种，适合于春、秋露地和保护地及冬季日光温室种植。从 7 月中旬至翌年 4 月均可播种，亩用种量 50 克，定植株行距 30 厘米×50 厘米。

沃斯特是从美国引进，适于鲜销和加工，抗逆性强，植株60～80 厘米，生长旺盛，叶深绿色，具蜡粉，嫩叶边缘卷曲成皱褶，密集成小花球状，质嫩，口感好，风味浓。耐贮存、耐寒、耐热、耐肥，抽薹晚，夏季长势虽不理想，但仍可生产。冬季可短暂忍受－15℃左右的低温，秋冬季及冬春季利用保护地生产品质更佳。产量由于采收标准及采收季节不同略有差别，亩产量 2500 千克左右。可春、秋露地栽培，也可在冬季于冷室或阳畦栽培。从播种至开始采收约需 55 天。

温特博是从荷兰引进的杂交一代早熟种。植株中等高，叶深绿色，叶缘卷曲皱褶，生长势强。耐霜冻能力非常强。华北地区冬春季可在不加温温室和改良阳畦等设施中种植，长江流域适秋冬季露地栽培，冬春季收获。

科仑内是从荷兰引进，早熟种。植株中等高，生长迅速而整齐，可用机械化一次性采收。耐寒力强，也很耐热，耐肥水。一般于 3 月中旬播种，如精细管理，可以陆续采收至 10 月下旬，质优高产。

阿培达是从荷兰引进，植株高 50～60 厘米，叶蓝绿色，卷曲度大，外观丰满整齐，品质细嫩，风味好，抗逆性强，可春、秋露地栽培，也可用于冬季保护地栽培。产品经加工后能保持翠绿的颜色和独特的风味。

三、羽衣甘蓝栽培技术

（一）品种选择

根据栽培目的和需求，选择适宜的品种：食用种（东方绿嫩、阿培达、科仑内等)；观赏种（花羽衣甘蓝、京引“14006”、穆斯博等)。

（二）栽培时期

露地春播：可在2月下旬至3月上旬在温室温床内播种育苗，4月上中旬定植在露地大田。

露地秋播：一般在6～7月播种，8月定植到大田，10～11月收获。

冬春温室栽培：可在8月播种育苗，9月定植，11月下旬开始收获，条件适宜，可连续收获到来年6～7月份，产量较高。

（三）播种育苗

播前每畦（1.5米×7米）施腐熟并过筛的有机肥200千克，每平方米土中加入50%多菌灵0.5千克，将细土、肥、药充分混合拌匀。平整苗床后浇足底水，每10米^{2}播种0.15～0.2千克。采用干种直播，每亩需苗床3米^2，播后覆细土0.5～1厘米。

（四）苗期管理

播后温度保持20～25℃，苗期少浇水，适当中耕松土，防止幼苗徒长。当苗2～3片叶时分苗，分苗按10厘米^{2}进行。

（五）定植

当幼苗5～6片叶时定植。定植前施足优质腐熟的基肥，每亩用2500千克，并施用30千克复合肥，做100～120厘米的小高畦，株行距为30厘米×50厘米，每亩保苗4500株左右。

（六）田间管理

在定植后7～8天浇一次缓苗水，到生长旺期的前期和中期重点追肥，结合浇水每亩用氮磷钾复合肥25千克左右。同时注意中耕除草，顺便摘掉下部老叶、黄叶，只保持5～6片功能叶即可。保持白天温度15～20℃，夜间温度5～10℃。

（七）病虫害防治

注意菜青虫、蚜虫、黑斑病等病虫害的防治。创造对植物生长有利的环境条件，及时除去基部的老叶、黄叶，基部留优质5～6片功能叶，以增大植株间的通风透光条件，还可在发病初期用75%百菌清粉剂600倍+50%多菌灵粉剂500倍防治炭疽病一次，用21%灭杀毙乳油2000倍防治菜青虫及蚜虫一次。

（八）采收

从播种至采收约55～65天，从定植到采收要25～30天，外叶展开10～20片时即可采收嫩叶食用，每次每株能采嫩叶5～6片，留下心叶继续生长，陆续采收。一般每隔10～15天采收一次。晚春、夏秋如管理得好，又无菜青虫为害，可采收至初冬。秋冬季稍经霜冻后风味更好。在夏季高温季节，叶片变得坚硬，纤维稍多，风味较差，故要早些采摘。

四、羽衣甘蓝盆栽技术

（一）盆栽品种介绍

圆叶羽衣甘蓝——鸽系列：株型紧凑，矮生，叶片稍微带波浪状，颜色丰富，有红色、紫红色、双色和白色。

皱叶羽衣甘蓝——鸥系列：叶缘有漂亮的皱褶，在相对暖和的环境下，比其他类型的羽衣甘蓝叶片色泽好，新增粉红色。

裂叶羽衣甘蓝——珊瑚系列、孔雀系列：羽毛状叶，全裂，叶缘呈现精致的细锯齿或者粗锯齿状，花头较大，茎秆结实，不易折断，耐寒性极强。

羽衣甘蓝英文名为Flowering，拉丁学名 *Brassica oleracea* var. *acephala* f. *tricolor*。

二年生草本植物，株高15～30厘米，抽薹开花时达150厘米，耐寒，喜阳光，喜凉爽，极好肥好水。大规模生产的羽衣甘蓝全部用种子繁殖。“鸥系列”为皱叶品种，最受大众欢迎。一般羽衣甘蓝从10月份至次年3月份观赏效果好，4月抽薹开花，6月种子成熟。

（二）播种育苗

摘心、抹芽和搭设网架。当植株长出5～6对叶片时就要摘心，促发侧芽，根据计划切花产量确定保留侧芽的数量，一般每株5～6个侧芽，其余的全部抹去。摘心后，需及时搭设网架，以便枝条固定在网上。

羽衣甘蓝种子每克250～400粒。长江流域一般在立秋前后播种，主要用作“元旦”及“春节”用花。播种采用疏松透气保水的人工介质，采用保护地播种。主要防止暴雨及曝晒。介质要求pH值在6左右，EC值0.6毫西门子/厘米左右，需要消毒处理。播种后保持苗床温度24℃左右，3天出芽，5天苗齐。

（1）播种后两天胚根长出，此时要保持苗床的湿度，浇水要用雾状水喷湿苗床，防止曝晒及暴雨的袭击，不宜施肥。温度保持在24℃左右。

（2）一般3天以后，子叶展开，主根可达2厘米。此时要保持苗床的温度，给予一定的光照，以防止高脚苗的产生。5天左右苗全部出齐，并长出真叶，根系长到4厘米左右，苗高也有4厘米。此时可以适当地施水溶性薄肥（50毫克/升）。

（3）这个时期苗已经进入快速生长期，光照要充足，同时苗床也要保持一定的干度，防止高脚苗及病害的产生。如果播种密度过大，这个时期可以间苗。

（4）这个阶段植株已经有4～6片真叶，植株已经成形，此时要加强通风、补光照、控水分等措施，以防止植株徒长，促使苗健康。

（三）水肥管理

羽衣甘蓝为需肥需水植物，因此种植羽衣甘蓝的介质的选择非常重要。一般选用疏松、透气、保水、保肥的几种介质混合。可以适当加入鸡粪等有机肥作基肥。生长期一般选用200毫克/升的肥料，7天施用一次。

（四）栽培管理

花盆选用营养钵14厘米以上，盆距35厘米左右可露天种植。无需摘心。羽衣甘蓝变色期在10月底至11月初。

（五）病虫害

苗期病害多，上盆后虫害增加。苗期猝倒病，可用百菌清或敌可松进行防治，而根腐病可用甲基托布津防治。虫害主要有蚜虫和菜青虫等，一般要用除虫菊酯或者甲胺膦进行综合防治，以保证叶面完好无损。

（六）出圃质量

出圃时，一般冠幅保持在30～35厘米，株形整齐，颜色均匀一致。

羽衣甘蓝是冬季主要花卉品种，应用非常丰富，主要用于花坛，可以大盆组合栽培，也可以多株小盆应用。

第二节　球茎茴香栽培技术

一、球茎茴香特性

球茎茴香是伞形花科茴香属茴香种的一个变种，原产于意大利南部，主要分布于地中海沿岸及西亚。由叶鞘基部层层抱合形成扁球形的脆嫩“球茎”，可用于炒食和凉拌，嫩叶用于做馅。具有特殊的香辛味，可增进食欲，具有温肝胃、暖胃气、散寒结的保健功能，并含有丰富的氨基酸、维生素、矿物质。近几年在大中城市郊区少量种植，供应宾馆、饭店和用作节日装箱礼品菜，颇受消费者的欢迎。

1. 植物学特征

浅根系蔬菜，须根较多，比叶用茴香的根稍深，根群分布在距地表7～10厘米土壤中，横向分布范围仅20厘米左右，吸收面积小；茎短缩为“球茎”，高和宽为10厘米左右，厚6厘米左右；叶片2～4回羽状深裂，裂片丝状、光滑；复伞形花序，花金黄色。双悬果，长椭圆形，灰白色，种子千粒重3克左右。

2. 对环境条件的要求

（1）温度　喜冷凉的气候条件，但适应性广，耐寒、耐热性均较强，种子发芽的适宜温度16～23℃，茎叶生长适宜温度15～20℃，超过28℃时生长不良。

（2）光照　生长期需充足的光照，尤其是“球茎”膨大期，阴天和田间郁蔽对膨大有影响。

（3）土壤营养　对土壤要求不太严格，但喜欢疏松、肥沃、保水保肥、通透性好的沙壤土，吸取养分全面且较多，应氮、磷、钾和微量元素配合施用。苗期不能适应土壤中过高的肥料浓度，“球茎”膨大期需肥量大，其中对氮、钾更为迫切。

（4）水分　因原产地气候湿润，所以在整个生长期对水分要求严格，尤其在苗期和“球茎”膨大期，土壤应保持湿润，不宜干旱。较大的空气湿度利于生长，并使“球茎”脆嫩品质好；但湿度过大通风不良则会引起幼苗徒长，易发生猝倒病、菌核病。如“球茎”膨大期浇水不当，土壤及空气湿度忽大忽小，变化剧烈，容易造成“球茎”外层裂开。一般空气湿度以60%～70%为宜，土壤湿度以达到最大持水量的80%为好。

二、球茎茴香类型和品种

种子多从国外引进或国内繁育，根据“球茎”的形状可分为两种类型：扁球形和圆球形。日光温室种植球茎茴香应选择球茎外形美观、耐低温、耐弱光的品种，如荷兰的一些中早熟品种。

（一）扁球形类型

叶色绿，植株生长旺盛，叶鞘基部膨大呈扁球形，淡绿色，外层叶鞘较直立，左右两侧短缩茎明显，外部叶鞘不贴地面，球茎偏小，单球质量300～500克。前期从荷兰和意大利引进的两个品种均属这种类型，抗病性较强，早熟，适宜密植。保护地、露地均可种植。

（二）圆球形类型

株高、叶色与扁球形差异不大。“球茎”紧实，颜色偏白，外形似拳头，叶鞘短缩明显，抱合极紧，不仅向左右两侧膨大，而且前后也明显膨大，外侧叶鞘贴近地面，遇低温易发生菌核病。球较大，单球质量 500～1000 克，适宜在保护地种植，密度不宜过大。由法国引进的楷模 F1 属于这种类型。

三、球茎茴香栽培技术

栽培季节江南地区以秋播露地栽培为主，东北地区春播露地和春、秋保护地均可种植，华北地区春、秋露地、保护地均可种植。

球茎茴香为异花授粉作物，种地应注意不同品种的隔离。留种株一般于 8～10 月播种，适当稀植，每亩栽 20 株左右为宜。6 月下旬将未开放的花序或花芽全部或部分摘去，7 月中下旬分期分批采收种子，留种期间，注意防治菌核病。

在长江流域可以春、秋两季栽培球茎茴香，以秋栽产量较高。秋季栽培于 8 月上中旬播种，元旦至春节期间采收。春季栽培于 10 月上旬播种，次年 4 月采收，也可根据市场需要，适当提前采收。播前用温水浸种 24 小时后置于 20℃温度下催芽，每天用清水冲洗一次。以洗去种皮上面的黏液，促进种子发芽。由于幼苗根再生能力弱，根受损伤后，还苗困难，因此宜采取直播。如育苗移栽须采取营养钵育苗或带大土坨移栽，以免损伤根系。苗床播种后，用稻草覆盖保温，幼苗出土后将稻草揭开，苗床要经常浇水，保持土壤湿润。幼苗长出 1～2 片真叶后追施 1～2 次速效性氮肥，促进幼苗生长，以幼苗具 4 片真叶时定植为好。直播的采用条播或穴播，每窝种子 3～4 粒，保持土壤湿润，8～11 天便可出苗，分次间苗，当苗高 10 厘米左右定苗。选择肥沃、疏松、富含有机质的土壤，每亩施有机肥 2500～3000 千克。翻耕耙平，整地做畦。一般畦宽 1.5 米左右，行距 40 厘米左右，株距 20～25 厘米。栽植不宜过深，以不埋没生长点为度，以免影响叶鞘膨大。定植后立即灌水，以利幼苗成活。定植还苗后要浇 1～2 次提苗肥。定苗后要开沟重施一次肥，每亩用饼肥 100～150 千克或复合肥 50 千克。球茎茴香幼苗生长较慢，叶的覆盖面也较小，容易滋生杂草，要注意及时中耕除草，并适当进行培土。当鳞茎停止膨大时便可采收。秋季栽培的，由于球茎较耐寒，故可留在田间，陆续采收至春节前后，越冬栽培在4月份采收，5月初抽薹前必须采收完毕。采收时用快刀从球下方将根割断，削平，剥除老叶。然后用刀将上部叶削去，并将球上未膨大的叶柄切削干净、平整，再装筐待销。一般每亩产量1000～2000千克。

第三节　黄秋葵栽培技术

一、黄秋葵特性

黄秋葵，又名补肾草、秋葵和羊角豆等，属锦葵科一年生草本植物。原产于非洲、中东、印度、斯里兰卡及东南亚等炎热地区，是广泛栽培的主要蔬菜之一。黄秋葵主要以嫩果供食用，有健胃理肠之功效，是一种营养保健蔬菜。另外，花、种子和根均可入药，对恶疮、痈疖有疗效。黄秋葵的嫩果肉质柔嫩，润滑，可用于炒食、煮食、凉拌。除嫩果可食外，其叶片、芽、花也可食用。黄秋葵的种子含有较多的钾、钙、铁、锌、锰等元素。它的干种子还能提取油脂和蛋白质。亦可作咖啡的代用品或添加剂。黄秋葵的营养丰富，幼果中含有大量的黏滑汁液，具有特殊的香味。其汁液中混有果胶、牛乳聚糖及阿拉伯聚糖等。它的果胶为可溶性纤维，在现代保健新观念中极为受重视。经常食用，有健胃肠、滋阴补阳之功效。据测定，每百克嫩果中含蛋白质2.5克、脂肪0.1克、糖类2.7克、维生素A 660国际单位、维生素B_1 0.2毫克、维生素B_2 0.06毫克、维生素C 44毫克、钙81毫克、磷63毫克、铁0.8毫克。黄秋葵是一种新世纪理想的高档绿色营养保健蔬菜，近年来在日本及我国台湾、香港等地市场上成为热门蔬菜，素有“蔬菜王”之称。

黄秋葵花果期长，花大而艳丽，花有黄色、白色、紫色，因此我国台湾等地也作观赏植物栽培。

黄秋葵在我国引种的时间不长，范围也极小，主要用于出口。

目前发展黄秋葵生产出口的潜力很大，同时，每家每户栽种几棵，对改善日常生活、维护人们的身体健康具有十分重要的意义。黄秋葵适应性强，生长旺盛，很少有病虫危害。种植黄秋葵简单易行，花工不多，用种少，成本低，效益高。

二、黄秋葵类型与品种

黄秋葵品种较多，根据茎秆高度可分为矮秆型和高秆型；依其嫩果色泽有乳黄品种、绿色品种和紫色品种；根据果实长短又可分为长果品种和短果品种。现将生产中主要应用的优良品种介绍如下：

① 清福　杂一代品种。植株生长势强，茎秆粗壮，株高约 1.5 米。嫩果 5 棱，果型端正，长约 7 厘米，果色浓绿。早熟，定植后 36 天可采收，结果力强，产量高。

② 五福　杂一代品种。生长势强，株高约 1.2～1.5 米。嫩果翠绿，光滑，果长 8～10 厘米。早熟，定植后 40 天左右开始采收。

③ 南洋　杂一代品种。高秆型，株高 1.5 米以上，生长势强。嫩果 5 棱，细而长，色淡绿；植株分枝性强，一般有侧枝 3～4 条，结果力强。早熟，定植后约 35 天即可采收。

④ 85-1　株高 1.5～1.7 米，嫩果无棱角，单株结果 50～70 个，亩产量约 1500 千克。

⑤ 95-1　株高 1.5 米以上，长势强健，嫩果紫红色，果长 18～20 厘米，粗约 2 厘米。采收期 6 月上旬至 9 月。

三、黄秋葵栽培技术

（一）环境要求

1. 温度

黄秋葵喜温暖，怕严寒，耐热力强。当气温 13℃，地温 15℃ 左右，种子即可发芽。但种子发芽和生育期适温均为 25～30℃。月均温低于 17℃，即影响开花结果；夜温低于 14℃，则生长缓慢，植株矮小，叶片狭窄，开花少，落花多。26～28℃适温开花多，坐果率高，果实发育快，产量高，品质好。

2. 水分

黄秋葵耐旱、耐湿，但不耐涝。发芽期土壤湿度过大，易诱发幼苗立枯病。结果期干旱，植株长势差，品质劣，应始终保持土壤湿润。

3. 光照

黄秋葵对光照条件尤为敏感，要求光照时间长，光照充足。应选择向阳地块，加强通风透气，注意合理密植，以免相互遮阴，影响通风透光。

4. 土壤营养

黄秋葵对土壤适应性较广，不择地力，但以土层深厚、疏松肥沃、排水良好的壤土或沙壤土较宜。肥料在生长前期以氮为主，中后期需磷、钾肥较多。但氮肥过多，植株易徒长，开花结果延迟，坐果节位升高；氮肥不足，植株生长不良而影响开花坐果。

（二）繁殖

1. 发芽期

播种到2片子叶展平为发芽期，约需10～15天。25～30℃适温下播种4～5天即可发芽出土。通常露地直播幼苗出土约需7天左右，地膜覆盖可提前2～4天出苗。

2. 幼苗期

从2片子叶展平到第1朵花开放为止，约需40～45天。一般子叶充分展开后，经15～25天，第一片真叶展开。以后每2～4天发生一片真叶，其中第一片、第二片真叶为圆形。幼苗期生长缓慢，地温过低时更甚。

3. 开花结果期

从始花到采收结束，约需85～120天。出苗后50～55天，第一朵花即开放。第一朵、第二朵花从开花到收获所需天数稍长。以后随温度升高，收获时间缩短。通常播种后70天左右即可第一次采收。在昼温28～32℃、夜温18～20℃适温下开花后4天即可收获。黄秋葵开花结果后生长速度加快，长势增强，尤以高温下生长更快，7月每3天即展开一片真叶，9月则需4～5天展开一片真叶。

（三）栽培管理

1. 栽培季节

黄秋葵喜温暖，怕霜冻，整个生育期应安排在无霜期内，开花结果期应处于各地温暖湿润季节。露地栽培，南北各地多4～6月播种，7～10月收获。华北地区一般于4月中下旬至5月播种。北方寒冷地区常用日光温室、塑料大棚集中育苗，待早春晚霜过后，再定植于大田。

2. 整地做畦

黄秋葵忌连作，也不能与果菜类接茬，以免发生根结线虫。最好选根菜类、叶菜类等作前茬。土壤以土层深厚、肥沃疏松、保水保肥的壤土较宜。前茬收获后，及时深耕，每公顷（1公顷＝15亩）撒施腐熟厩肥75000千克、氮磷钾复合肥300千克，混匀耙平做畦。露地栽培多用两种方式：其一，大小行种植，大行70厘米，小行45厘米，畦宽200厘米，每畦4行，株距40厘米；其二，窄垄双行种植，垄宽100厘米，每垄种2行，行距70厘米，株距40厘米，畦沟宽50厘米。若在田边、道旁、河边单行栽植，株距60厘米，每穴3株，通风透光，便于管理。

3. 播种育苗

（1）直播法　黄秋葵多行直播。播前浸种12小时，后置于25～30℃下催芽，约24小时后种子开始出芽，待60%～70%种子“破嘴”时播种。播种以穴播为宜，每穴3株，穴深2～3厘米。各地应在终霜期过后，适时播种，先浇水，后播种，再覆土2厘米左右。直播每公顷用种10千克，育苗移栽每公顷用种3千克左右。

（2）育苗移栽法　北方地区多于3月上中旬在阳畦、日光温室播种育苗。床土以6份园土、3份腐熟有机肥、1份细沙混匀配制而成。播前浸种催芽，整平苗床，按株行距10厘米点播，覆土厚约2厘米。播后应保持床土温度25℃，4～5天即发芽出土。苗龄30～40天，幼苗2～3片真叶时定植。最好采用塑料钵、营养土块等护根育苗，培育适龄壮苗。

4. 田间管理

（1）间苗　破心时即进行第一次间苗，间去残弱小苗。2～3

片真叶时第二次间苗，选留壮苗。3～4 片真叶时定苗，每穴留 1 株。

（2）中耕除草与培土　幼苗出土或定植后，气温较低，应连续中耕 2 次，提高地温，促进缓苗。第一朵花开放前加强中耕，以便适度蹲苗，以利根系发育。开花结果后，植株生长加快，每次浇水追肥后均应中耕，封垄前中耕培土，防止植株倒伏。夏季暴雨多风地区，最好选用 1 米左右竹竿或树枝插于植株附近，防止倒伏。

（3）浇水施肥

① 浇水　黄秋葵生育期间要求较高的空气和土壤湿度。播后 20 天内缺水时宜早晚人工喷灌。幼苗稍大后可机械喷灌或沟灌。炎夏季节正值黄秋葵收获盛期，需水量大，地表温度高，应在早上 9 点以前或下午日落后浇水，避免高温下浇水伤根。雨季注意排水，防止死苗。整个生长期以保持土壤湿润为度。

② 追肥　在施足基肥的基础上，应适当追肥，不可偏施氮肥。第一次为齐苗肥，在出苗后进行，每公顷施尿素 90～120 千克。第二次为提苗肥，定苗或定植后开沟撒施，每公顷施复合肥 225～300 千克。开花结果期重施一次肥，每公顷人粪稀 30000～45000 千克或氮磷钾复合肥 300～450 千克。生长中后期，酌情多次少量追肥，防止植株早衰。

（4）植株调整　黄秋葵在正常条件下植株生长旺盛，主侧枝粗壮，叶片肥大，往往开花结果延迟。可采取扭枝法，即将叶柄扭成弯曲状下垂，以控制营养生长。生育中后期，对已采收嫩果以下的各节老叶及时摘除，既能改善通风透光条件，减少养分消耗，又可防止病虫蔓延。采收嫩果者适时摘心，可促进侧枝结果，提高早期产量。采收种果者及时摘心，可促使种果老熟，以利籽粒饱满，提高种子质量。

5. 采收

黄秋葵从播种到第一嫩果形成约需 60 天左右。以后整个采收期长达 60～70 天，全生育期可达 120 天左右，甚至更长。黄秋葵商品性鲜果采摘标准以果长 8～10 厘米，果外表鲜绿色，果内种子未老化为度。如果采收不及时，肉质老化，纤维增多，商品食用价值大大降低。一般第一果采收后，初期每隔 2～4 天收一次，随温度升高，采收间隔缩短。8 月盛果期，每天或隔天采收一次。9 月以后，气温下降，3～4 天采收一次。采收时宜用剪刀，并套上手套，以免茎、叶、果实上刚毛或刺瘤刺伤皮肤。皮肤被刺后奇痒难耐，可用肥皂水洗一下或火上轻烤，可减轻痛痒程度。通常花谢后 4 天采收嫩果，品质最佳。每公顷产量在 1500～3000 千克左右。

6. 病虫害防治

病害主要是病毒病。此病由蚜虫传播，放应及时防治蚜虫。植株发病初期，可用病毒 A 500～800 倍液或 NS-83 增抗剂 100 倍液叶面喷雾防治，每隔 5～7 天 1 次，连喷 3～4 次。

虫害主要是蚜虫和蚂蚁，可选用 50%抗蚜威或辟蚜雾可湿性粉剂 2000～2500 倍液，或 40%乐果乳油 1000 倍液喷雾防治。

第四节 红梗叶甜菜栽培技术

一、红梗叶甜菜特性

红梗叶甜菜为藜科甜菜属的变种，是近年从荷兰引进并经多年筛选出的红梗绿叶观赏兼食用型蔬菜新品种。该品种目前有小面积种植，供应宾馆、饭店和超市，同时因其外观艳丽多彩，色泽诱人，具有很好的观赏性，不少花卉爱好者也将其栽植于花盆之中。该品种株高可达 40 厘米以上，生长旺盛、整齐。鲜红色的叶梗和叶脉，长卵圆形叶片，叶片肥厚翠绿色，在土肥因素或低温条件下，叶色会有所变化。叶可凉拌、炒食、做汤或火锅食用。富含蛋白质、碳水化合物、粗纤维、维生素、钙、磷、铁等。其食用部分纤维少，味道鲜美，回味无穷，经常食用有解热、健脾胃、增强体质的功效。红梗叶甜菜一般定植后 30 天即可开始采收植株嫩叶供食用，整个植株可一次收获，也可陆续多次采收，每亩产量可达 3000 千克以上，是观赏和食用性俱佳的优良叶菜新品种。

二、红梗叶甜菜优良品种

红梗厚皮菜：从英国引进的抗病丰产品种。

白梗叶甜菜：植株高大、抗病、丰产，为尼泊尔农家品种。

三、红梗叶甜菜栽培技术

1. 育苗

将种子搓一下，在清水中浸10～12小时，捞出放在15～20℃温度下催芽，80%种子露白后，播种覆土1.5～2厘米厚。每亩用种0.5千克，一次采收嫩株每亩用种1.5～2千克。

2. 整地施肥定植

每亩施用腐熟有机肥2000千克以上，整成1.3米宽、8米长平畦，每畦栽4行，株距30厘米，每亩5000～6000株，栽后及时浇水。

3. 田间管理

缓苗后中耕松土，促进根系发育，定植后15～20天追肥一次，每亩穴施膨化鸡粪100千克或三元复合肥15千克，以后每隔20天左右追肥1次，一般7～10天浇1次。保护地注意调整温度，白天以15～25℃为宜，夜间8～10℃。

四、采收

植株长至10片叶即可摘除外部叶片出售，采收期可达3～5个月。

第五节 菊芋栽培技术

一、菊芋特性

菊芋，也叫洋姜、鬼子姜，为菊科向日葵属一年生草本植物。原产于北美洲，先传入欧洲，以后进入亚洲。我国云南省种植菊芋历史悠久，分布较为广泛。菊芋在我国除极寒冷地区以外都有零星栽培。菊芋耐寒耐旱，栽培粗放，适应性很强。

菊芋地下块茎可供食用，质地细致、白嫩、甜脆，富含果糖、菊糖和葡萄糖，为多聚果糖物质，对糖尿病有一定的辅助疗效。菊芋是腌制酱菜的上好原料，还可制淀粉、酒精。种植菊芋还可防风、固沙和美化环境。因其生长期一般不会发生病虫害，故大多不需用药防治，是绿色无公害保健蔬菜。

菊芋茎直立，株高 2～3 米，有很多分枝，茎上有刚毛，叶卵形互生，叶基部对生，茎上部互生，长卵圆形，先端尖，叶面粗糙，叶背有柔毛，边缘具锯齿，绿色，叶柄发达。叶柄上有狭翅。花为头状花序，发生于各分枝先端，花盘直径有 3 厘米左右，花序外围的舌状花序为黄色，中间为筒状花序，能育性低，不能结实，管状花黄色。瘦果楔形，有毛，上端有 2～4 个具毛的扁芒。栽培上多用块茎繁殖。根系发达，深入土中，根茎处长出许多匍匐茎，其先端肥大成块茎，块茎扁圆形，呈犁状或不规则瘤状，有不规则突起，地下块茎是不规则的多球形、纺锤形，皮红、黄或白色。块茎一般重 50～70 克，大的 100 克以上，每株有块茎 15～30 个，多达 50～60 个。一般亩产块茎 1500 千克，高产的可达 4000 千克。

菊芋喜稍清凉而干燥的气候，耐寒、耐旱，块茎在 0～6℃时萌动，8～10℃就可出苗。由于菊芋的地下块茎能在寒冷的北方土壤下越冬，翌年萌发新株，故常被误认为是多年生作物。其幼苗能耐 1～2℃的低温。在 18～22℃，日照 12 小时的条件下，有利于块茎的形成。块茎能在 25～30℃的冻土层内安全越冬。对土壤的适应性很强，在肥沃疏松的土壤中栽培能取得很高的产量。

二、菊芋优良品种

菊芋的品种视块茎的形状、颜色而区分。按形状分有梨形、纺锤形或不规则的瘤形。依块茎颜色分有红色、白色、紫色、黄色。我国栽培品种的块茎以红色、白色和黄色为多。红色种块茎外皮紫红色，肉白色，每个重约 150 克，产量较低。白色种块茎外皮及肉均呈白色，每个重约 200 克，产量较高。

除了地方品种外，近年来也选育了一些优良的品种：

1. 湖南衡阳白皮菊芋

植株高大，直立生长，株高 150～200 厘米，开展度 40～50 厘米。茎绿色，粗 1.5～2.2 厘米，有茸毛。叶单生，深绿色，卵圆形，长 23～25 厘米，宽 10～13 厘米，叶正面粗糙，有刺毛，花黄色。

2. 四川菊芋

株高 1.8 米，开展度 30 厘米，地上茎横径 2.0～3.0 厘米，浅绿色。叶卵圆形，先端渐尖，全缘，绿色，叶面粗糙，有茸毛，叶柄长约 15 厘米。

3. 江西红皮菊芋

植株直立分枝，高 200 厘米，开展度 70～80 厘米。茎圆形，有棱，上部紫红色，下部绿色，叶绿色。

4. 青芋 1 号菊芋

青海省农林科学院园艺所选育。株高 295 厘米左右，茎直立，基部多分枝，块茎呈不规则瘤形或棒状，地下着生较集中，表皮紫红色，肉白色。平均单株产量 961 克。耐旱，耐寒，耐盐碱，适应性强。

三、菊芋栽培技术

1. 繁殖方法

以块茎繁殖，秋冬收获块茎后，选择 20～25 千克大的块茎播种，或砂藏备种，也可于春季土壤解冻后挖取大小适当的块茎播种。

2. 播种

菊芋是高产的饲料作物，播前须深耕土壤和施足基肥。每亩施厩肥 1000 千克、草木灰 100 千克，于 4 月上中旬土壤解冻后播种。定植田深耕 25 厘米左右，使根系容易入土，块茎生长良好，植株不易倒伏。做畦大小因地势和灌溉条件而定，多雨地区做高畦，以利排水，避免块茎在土中腐烂。栽种密度行距 30～50 厘米，株距 20 厘米，过密或过稀都影响产量。播种时将块根细芽朝上，盖土 4 厘米，黏土宜浅，沙质土宜深。每亩播种量 30～40 千克，播时应选用 30～40 克的健康块茎，覆土 5～10 厘米即可。

3. 田间管理

① 中耕除草　苗期锄草 2～3 次，有利于保墒壮苗。茎叶高 30～50 厘米，覆盖大部分地面时，已能自控杂草生长，不需再锄草，少数高株大草可拔除。

② 打顶除蕾　如生长过旺，在植株 60 厘米高时摘心打顶，以

防徒长。秋季随时摘除花蕾，以利块茎膨大和充实。

③ 浇水　如遇长期干旱，叶片发黄发蔫时，可浇一次水。

④ 培土　如雨中遇大风，洋姜歪倒时，要及时扶正培土，并挖沟排水，以防止土壤湿渍发病。

⑤ 追肥　除施基肥外，生长期需追肥2次，第一次于4月下旬进行，亩施尿素7.5～10千克，促进幼苗生长，多发新枝叶。第二次在7月上旬，即在现蕾期施硫酸钾肥7.5～10千克或草木灰100千克，促进植株健壮，增强抗倒伏、抗旱、抗寒能力，对块茎生长和膨大有较大的作用。

4. 病虫害防治

菊芋在田间一般无明显病害。对地下害虫，可用毒饵诱杀。若有菌核病、灰腐病，可用多菌灵防治。

第六节　空心菜栽培技术

一、空心菜特性

空心菜又名蕹菜、通菜、竹叶菜、藤菜等，是旋花科一年生或多年生蔓生草本植物。原产于我国热带多雨地区，适宜生长在潮湿地带，主要分布于岭南地区，是夏秋季普遍栽培的绿叶蔬菜。其食用部位为幼嫩的茎叶，可炒食或凉拌，做汤等同“菠菜”。它营养丰富，100克空心菜含钙147毫克，居叶菜首位，维生素A比番茄高出4倍，维生素C比番茄高出17.5%。空心菜采收期长，是夏季生长的叶菜，能打破北方夏季少叶菜多果荚菜的结构，不受高温、暴雨的限制，因而北方开始引种栽培，并取得成功。

空心菜属蔓生植物，根系分布浅，为须根系，再生能力强。茎蔓生，圆形而中空，柔软，绿色或淡紫色，茎粗1～2厘米。茎有节，每节除腋芽外，还可长出不定根，节间长为3.5～5厘米，最长的可达7厘米。子叶对生，马蹄形。真叶互生，叶面光滑，全缘，极尖，叶脉网状，中脉明显突起，叶为披针形，长卵圆形或心脏形。叶宽8～10厘米，最宽的可达14厘米，叶长13～17厘米，最长可达22厘米。叶柄较长，约为12～15厘米，最长者为17厘米。中空呈凹形，果为蒴果，近圆形，种子黑褐色，千粒重32～37克。空心菜以种子或嫩茎繁殖，北方以种子繁殖。

空心菜旱生类型节间短，水生类型节间较长，易生不定根，扦插易成活，故适于扦插繁殖。空心菜性喜高温多湿环境，种子在15℃以上开始发芽。种藤腋芽萌发初期，保持30℃以上，发芽快而整齐。幼苗期生长适温20～25℃，10℃以下生长受阻；茎、叶在25～30℃条件下生长旺盛，能耐35～40℃高温；15℃以下，茎叶生长缓慢，10℃以下则停止生长。空心菜不耐寒，遇霜地上茎叶枯死。空心菜喜湿润土壤及较高的空气湿度，若土壤水分不足，空气干燥，则产品纤维发达，甚至粗老不堪食用，产量和品质降低。

空心菜适应性较强，对土壤要求不很严格，但以保水、保肥的中壤土或重壤土为好。空心菜的分枝力强，生长速度快，需肥量大，在生长期间需注意补充氮肥。空心菜属高温短日照作物，并较耐强光，开花结籽要求短日照和充足光照。籽蕹对光周期适应范围较广，藤蕹对短日照要求比较严格，在长江流域及广州不能开花结籽，或只能少量开花，但不能结籽。

二、空心菜类型和品种

依其能否结籽分为两种类型：

一种称籽蕹，主要用种子繁殖，一般栽于旱地，也可水生。该类型生长势旺，茎蔓粗，叶片大，色浅绿，夏秋开花结籽，是北方主要栽培类型。广东大骨青，湖南、湖北的白花蕹菜和紫花蕹菜，四川旱蕹菜等品种属于籽蕹。

另一种称藤蕹，为不结籽类型，扦插繁殖，旱生或水生，质地柔嫩，品质优于籽蕹，生长期长，产量较高。如广东细叶通菜、丝蕹，湖南藤蕹，四川大蕹菜等品种属于这种类型。

依空心菜对水的适应性又可分为旱蕹和水蕹两种类型。旱蕹品种适于旱地栽培，质地细密，风味不浓，产量较低，籽蕹多属此类型；水蕹适于深水或浅水栽培，茎粗叶大，脆嫩味浓，产量较高，如杭州白花籽蕹，广州的大鸡白、剑叶，温州空心等品种属于水蕹。

北方多选择籽蕹，即种子繁殖，常用品种如下：

1. 泰国空心菜

由泰国引进。叶片竹叶形，呈青绿色，梗为绿色；茎中空，粗壮，向上倾斜生长。耐热耐涝，夏季高温多湿生长旺盛，不耐寒。适于高密度栽培。在北方宜春夏露地栽培。嫩枝可陆续采收2～3个月，质脆、味浓，品质优良，亩产3000千克。

2. 白梗

茎粗大，黄白色，节疏，叶片长卵形，绿色，生长壮旺，分枝较少。品质优良，产量高。耐肥，适于污肥水田栽培。旱地栽培要勤淋水。播种至始收60～70天，亩产5000千克。

3. 吉安蕹菜

江西地方品种。植株半直立，茎叶茂盛，株高42～50厘米，开展度35厘米。叶大，心脏形，深绿色，叶面平滑，全缘。茎管状，绿色，中空有节。生长期较长，播种至始收50天，可陆续收获70天，亩产3000～3500千克。

4. 青梗子蕹菜

湖南省地方品种。植株半直立，株高25～30厘米，开展度12厘米。茎浅绿色，叶戟形，绿色，叶面平滑，全缘，叶柄浅绿色。早熟，播种后50天即可采收，生长期210天，亩产2500～3000千克。

5. 青叶白壳

广州市农家品种。其植株生长健旺，分枝较多。茎粗大，青白色，微有槽纹，节细且较密。叶片长卵形，上端尖长，基部盾形，深绿色，叶脉明显。叶柄长，青白色。适应性强，可旱地或浅水栽培。品质柔软而薄，质量好，产量高，亩产7000千克。

6. 丝蕹

丝蕹又名细叶蕹菜，为南方喜食的品种。植株矮小，叶片较细，呈短披针形，叶色深绿。茎细小，厚而硬，节密，紫红色，叶柄长，抗逆性强，耐寒、耐热、耐风雨，适于旱地栽培，亦可浅水中栽培。其质脆、味浓，品质甚佳，但产量稍低。从播种至始收60～70天，陆续采收可达180天以上，亩产约2500千克。

三、空心菜栽培技术

（一）对环境条件的要求

空心菜性喜高温多湿环境。种子萌发需 15℃以上；种藤腋芽萌发初期须保持在 30℃以上，这样出芽才能迅速整齐。蔓叶生长适温为 25～30℃，温度较高，蔓叶生长旺盛，采摘间隔时间短。空心菜能耐 35～40℃高温；15℃以下蔓叶生长缓慢；10℃以下蔓叶生长停止，不耐霜冻，遇霜茎叶即枯死。种藤窖藏温度宜保持在 10～15℃，并有较高的湿度，不然种藤易冻死或枯干。

空心菜喜较高的空气湿度及湿润的土壤，环境过干，藤蔓纤维增多，粗老不堪食用，大大降低产量及品质。

空心菜喜充足光照，但对密植的适应性也较强。

空心菜对土壤条件要求不严格，但因其喜肥喜水，仍以比较黏重、保水保肥力强的土壤为好。

空心菜的叶大量而迅速地生长，需肥量大，耐肥力强，对氮肥的需要量特大。

（二）栽培季节及栽培方式

空心菜露地栽培从春到夏都可进行，播种时间为：广州 12 月至翌年 2 月，长江中下游一带 4～10 月，北方地区 4～7 月，沈阳可于 4 月中旬播种。若根据市场需要在温室、大棚、小棚中栽培，可实现周年生产，随时供应市场。

1. 整地播种

北方一般采取直播方式。播前深翻土壤，亩施腐熟有机肥 2500～3000 千克或人粪尿 1500～2000 千克、草木灰 50～100 千克，与土壤混匀后耙平整细。播种前首先对种子进行处理，即用 50～60℃温水浸泡 30 分钟，然后用清水浸种 20～24 小时，捞起洗净后放在 25℃左右的温度下催芽，催芽期间要保持湿润，每天用清水冲洗种子 1 次，待种子破皮露白点后即可播种。亩用种量 6～10 千克。播种一般采用条播密植，行距 33 厘米，播种后覆土。也可以采用撒播或穴播。

2. 田间管理

空心菜对肥水需求量很大，除施足基肥外，还要追肥。当秧苗长到5～7厘米时要浇水施肥，促进发苗，以后要经常浇水保持土壤湿润。每次采摘后都要追1～2次肥。追肥时应先淡后浓，以氮肥为主，如尿素等。生长期间要及时中耕除草，封垄后可不必除草中耕。

空心菜管理的原则是：多施肥，勤采摘。空心菜的病虫害主要有白锈病、菜青虫、斜纹夜蛾幼虫等。菜青虫、斜纹夜蛾幼虫可用20％速灭杀丁8000倍液防治；白锈病可采用1∶1∶200波尔多液、0.2波美度石硫合剂或65％代森锌500倍液防治，每隔10天喷1次，以控制病情不发展为宜。

3. 采收

空心菜如果是一次性采收，可于株高20～35厘米时一次性收获上市。如果是多次采收，可在株高12～15厘米时间苗，间出的苗可上市；当株高18～21厘米时，结合定苗间拔上市，留下的苗子可多次采收上市。当秧苗长到33厘米高时，第1次采摘，第1次采摘茎部留2个茎节，第2次采摘将茎部留下的第2节采下，第3次采摘将茎基部留下的第1茎采下，以使茎基部重新萌芽。这样，以后采摘的茎蔓可保持粗壮。采摘时，用手掐摘较合适，若用刀等铁器易出现刀口部锈死。一般一次性收获亩产可达1500千克，多次收获的亩产可达5000千克。

第七节　冬寒菜栽培技术

一、冬寒菜特性

冬寒菜为锦葵科锦葵属一年或二年生草本植物，别名冬苋菜、冬葵、滑滑菜。近几年，我国人工栽培面积不断扩大。冬寒菜以幼苗或嫩茎叶供食，且全株可入药。其营养丰富，含胡萝卜素极高，维生素C和钙含量较高。冬寒菜喜冷凉湿润气候，不耐高温和严寒，但耐低温、耐轻霜，低温还可提高品质，植株生长适温为15～20℃。冬寒菜对土壤要求不严，但在排水良好、疏松肥沃、保水保肥的土壤中栽培更易丰产，不宜连作。种子在8℃时开始发芽，发芽适温为25℃，30℃以上植株病害严重，低于15℃植株生长缓慢。需肥特性以氮肥为主，需肥量大，耐肥力强。适宜春播和秋播种植，夏季播种易化苗，故夏季露地不宜栽培。为保证周年供应，可夏季高温季节保护地播种，但需采取降温措施。

二、冬寒菜类型和品种

（1）糯米冬寒菜　叶中部紫色，边缘绿色，扇形，皱褶；叶基向叶柄延伸，形似“鸭脚板”。叶片肥厚，柔软多汁，细脉少，叶脉明显，呈红色，叶面有茸毛，叶柄绿色。品质佳。中熟，较耐热，不耐冻，不耐渍。生长期长，冬前生长缓慢，越冬后生长较快。

（2）红叶冬寒菜　长沙市地方品种。叶紫色，呈心脏状五角形，叶面平整，叶片较薄，细脉较多，品质较好。生长快，较耐寒，不耐渍。

（3）白梗冬寒菜　茎、叶、柄均绿色，叶较薄较小，叶柄长。较耐热，较早熟，茎叶易老化，品质一般，产量较低。

三、冬寒菜露地栽培技术

（一）整地施肥

一般做成平畦，对于多次采收嫩梢的，要施足基肥，畦宽1.3米左右，以方便采收为宜。冬寒菜耐肥力强，需肥量也较大。播种后即可淋浇人畜粪作为种肥。

（二）播种

直播、育苗都可以。亩用种量1～1.5千克，播种方法可撒播或穴播，撒播需种量大，穴播需种量小。穴播株行距25厘米×25厘米左右，每穴播种4～5粒。穴播的每亩约需种子250克，撒播的需种子500克，育苗每亩需种子25克。

（三）定植

根据采收要求不同，定植密度也有所不同。以采收幼苗为目的的，可适当密植，15 厘米×15 厘米为宜；多次采收嫩梢的，以 25 厘米×25 厘米为宜。

（四）田间管理

1. 中耕、除草、间苗

冬寒菜生长期间要及时中耕、除草，防止杂草同冬寒菜竞争空间、养分及水分。撒播的在真叶 4～5 片时间苗 2 次。苗距 16 厘米左右；穴播的间苗以 2～3 棵苗为 1 丛。

2. 追肥、浇水

对于多次采收嫩梢的，在生长旺季时，要随着不断地采收，进行追肥，以补充因采收而带走的大量养分。一般以尿素为主，每采收 1 次，即追肥浇水 1 次。

3. 病虫害防治

冬寒菜虫害有地老虎、斜纹夜蛾和蚜虫等，可采用毒饵诱杀或敌百虫喷雾防治。

病害主要有炭疽病、根腐病等。炭疽病可用 50%复方甲基硫菌灵可湿性粉剂 1000 倍液或 75%百菌清可湿性粉剂 1000 倍液加 70%甲基硫菌灵可湿性粉剂 1000 倍液，或 2%农抗 120 水剂 200 倍液喷雾防治；根腐病可用 50%多菌灵可湿性粉剂 500 倍液或 40%多硫悬浮剂 400 倍液喷雾防治。

（五）采收

对于采收幼苗的，当播种后 50 天左右，可结合间苗，间拔采收；对食用嫩梢的，当株高 18 厘米时，即可割收上段叶梢。春季留近地面的 1～2 节收割，若留的节数过多，侧枝发生过多，养分分散，嫩叶梢不肥厚，品质较差。其他季节留 4～5 节收割。冬寒菜生长速度非常快，在其生长旺季，每 5～7 天就可采收 1 次。亩产可达 1500～2000 千克。

四、冬寒菜大棚栽培技术

1. 选地施肥

选择有浇水条件，土壤通透性良好，土质较肥沃的地块作栽培地。忌连作，需轮作换茬3年以上。栽培地冬前深耕30厘米左右，充分整平耙细。每亩施腐熟农家肥3000～3500千克，磷酸二铵30～35千克，硫酸钾15～20千克。可结合做畦将肥撒于畦面，并翻入地下，精耕细耙后整平待播。

2. 适期播种

栽培畦宽130～160厘米，穴播时行株距保持25厘米×25厘米，每穴播种4～5粒，每亩用种250克左右；条播时保持行距25厘米，每亩用种0.5～1千克。春季播种时间一般安排在3月上旬，播种前7天左右搭建小拱棚提温，浇足底水，待畦表土不黏时播种，播后覆土厚约0.5厘米。为保证地温和出苗整齐，可在畦面上再搭盖一层薄膜，出苗即可揭除。

3. 加强管理

播种至出苗期，棚温白天控制在20～27℃，夜间10～18℃。茎叶生长期，适宜温度为15～20℃。温度过高时茸毛增多，增粗，纤维组织易老化，品质下降；反之，虽然品质有所改善，但生长缓慢。植株具有4～5片真叶时一次性定苗。条播地块苗距10厘米左右；穴播地块每穴留苗2～3株。前期结合定苗拔除田间杂草，中后期可结合采收拔除。采收前一般只浇水不追肥，进入采收期，可在每次采收后第2天结合浇水每亩追磷酸二铵15～20千克、硫酸钾10～15千克。田间土壤相对湿度维持在75%～80%。

4. 及时收获

播种后40～50天进入采收期。当株高18厘米左右时，在近地面3～5节处收割嫩梢，扎捆上市出售。生长旺季一般每5～7天采收1次。

5. 病虫害防治

虫害主要有地老虎、斜纹夜蛾、菜青虫和蚜虫等。发生时，可分别用敌百虫毒饵诱杀，或用20%或30%灭幼脲1号或3号500～1000倍液、5%抑太保1500倍液和10%吡虫啉可湿性粉剂2000～

2500 倍液喷雾防治。

病害主要是根腐病和炭疽病，发病时可分别用 75%百菌清可湿性粉剂 500～600 倍液、60%炭疽停可湿性粉剂 800 倍液防治，每 7 天左右喷 1 次，连防 3 次。

6. 肥水管理

快速生长期，要抓紧管理，勤浇水施肥，保持地面湿润。每次应随水施尿素 10～15 千克 1 亩，或地皮稍干后沟施碳铵 50 千克 1 亩。中耕 9 月中下旬，浇第一水后中耕一次。收获前，不施肥，不浇水。

7. 适时收获

10 月下旬"霜降"过后，植株生长减慢，应根据市场行情及时收获上市，至春节收获结束。

第八节　紫背天葵栽培技术

一、紫背天葵特性

紫背天葵，又名血皮菜、观音苋、红背菜、两色三七草、玉枇杷、叶下红等，为菊科三七草属多年生宿根常绿草本植物。原产于中国，在重庆、四川、贵州、云南、广西分布甚为广泛，沿海的广东、福建、浙江等地也广为分布，华北地区已引种成功。西南各省有野生和半栽培两个类型。重庆地区现已有个别区、县少量人工栽培。其营养丰富，品质柔嫩，风味独特，近年来野生采集的上市量逐年增加，市场前景看好；加之其适应性强，栽培简单容易，病虫害少，可免受农药污染，是一种很值得推广的经济效益好的高档保健无公害蔬菜。

（一）营养成分及药用价值

紫背天葵除含一般蔬菜所具有的营养物质外，其还含有丰富的维生素 A、维生素 B、维生素 C、黄酮苷及钙、铁、锌、锰等多种对人体健康有益的元素。据分析，每 100 克干物质中含钙 22 毫克、磷 2.8 毫克、铁 20.9 毫克、锰 14.5 毫克、铜 1.8 毫克；每 100 克鲜食部分中含铁7.5毫克、锰8.13毫克，是大白菜、萝卜和瓜类蔬菜含量的20多倍。紫背天葵，全草入药，味苦性温，可治骨折、疔疮肿痛，民间又常作风湿劳伤配方用药。紫背天葵含有的黄酮苷成分，可以延长维生素C的作用，有抗寄生虫和抗病毒的能力，并对肿瘤有一定抗效。此外，紫背天葵还有治疗咯血、血崩、痛经、支气管炎、盆腔炎、阿米巴痢疾的功效，还可用于外伤止血。在我国南方地区常把紫背天葵作为一种补血良药。

（二）形态特征

多年生宿根草本，全株肉质，株高30～60厘米（野生种高的可达90厘米），分枝性强。直根系，较发达，侧根多，再生能力较强。茎直立，近圆形，基部稍带木质，绿色，略带浅紫色，嫩茎紫红色，被绒毛。叶互生，呈5叶序排列，宽披针形（野生种倒卵形或倒披针形），顶端尖，叶柄短或无柄，叶缘浅锯齿状，叶面浓绿色，略带紫色，叶背紫红色，表面蜡质有光泽。幼叶两面均被柔毛，叶肉较肥厚，叶脉明显，在叶背突起。顶生或腋生头状花序，在花梗上呈伞状排列，两性花，黄色或红色。瘦果，短圆柱形种子，但很少结实。

（三）对环境条件的要求

紫背天葵抗逆性强，性喜温暖的气候条件。生长发育适宜温度范围为20～25℃，耐热能力强，也较耐低温，在35℃的高温条件下仍能正常生长，能忍耐3～5℃的低温，5℃以上不会受冻，但遇到霜冻时会发生冻害，严重时植株死亡。紫背天葵对光照条件要求不严格，比较耐阴，但光照条件好时生长健壮。紫背天葵喜湿润的生长环境，但较耐旱。紫背天葵对土壤肥力的要求不严格，耐瘠薄，但在生产上宜选沙质壤土或沙土较好。

（四）野生紫背天葵的采集

野生类型一般在春季至夏初的3～6月采摘嫩梢和幼叶，用开水烫过，挤干水后，可有多种食法，质地柔嫩，别有风味。

二、紫背天葵种苗繁育技术

紫背天葵有三种繁殖方式：扦插繁殖、分株繁殖和种子繁殖。

（一）扦插繁殖

紫背天葵虽能开花，但很少结实，且茎节部易生不定根，插条极容易成活，适宜扦插繁殖，这也是生产上常常采用的繁殖方式。在无霜冻的地方，周年均可进行扦插，但在春、秋两季插条生根快，生长迅速。所以一般在2～3月和9～10月进行。扦插繁殖时选择具有一定成熟度的生长健壮的枝条，不能选过嫩或过老的枝条作扦穗，插条长10厘米左右，带3～5张叶，摘去基部的1～2片叶，按行距20～30厘米、株距6～10厘米，斜插于苗床，入土深度以5～6厘米为宜（插条长度的1/2～2/3）。然后，浇透底水，保持床土湿润。春季扦插繁殖应加盖小拱棚，保温保湿，早秋高温干旱、多暴雨的季节，可覆盖遮阳网膜，保湿降温，并防止暴雨冲刷。20～25℃的条件下，10天至半月即可成活生根。苗期还应注意保持床土湿润状态，过干或过湿都不利于插条生根和新叶生长。

（二）分株繁殖

分株繁殖一般在植株进入休眠后或恢复生长前（南方地区多在春季萌发前）挖取地下宿根，选健壮植株进行分株，随切随定植。但分株繁殖的繁殖系数低，分株后植株的生长势弱，故生产上一般不采用。

（三）种子繁殖

一般在春季2～3月气温稳定在12℃以上时播种，播后8～10天即可出苗，苗高10～15厘米时定植于大田。紫背天葵利用种子繁殖的优点是繁育出的幼苗几乎不带病毒。

三、紫背天葵栽培技术

（一）整地做畦，施基肥

虽然紫背天葵对土壤要求不严格，也耐瘠薄，但人工栽培生长期长，需肥水量较多，为获得优质高产，宜选排水良好、富含有机质、保水保肥力强的微酸性壤土或沙壤土。定植前深翻土壤，施入充分腐熟的农家肥 2000～3000 千克，磷、钾肥各 10 千克，与土壤充分混匀，耙细整平，做成宽 120 厘米、高 20～25 厘米的厢。

（二）定植

多采用行距 30～35 厘米、株距 25～30 厘米的密度，栽入插条（利用扦插繁殖的）或秧苗（利用种子繁殖的），然后浇定根清粪水，促进成活。定植一般选晴天的下午进行。

（三）田间管理

紫背天葵在整个生长期中，对肥水的要求比较均匀。定植后 10 天左右，应追施提苗肥，一般每亩施用腐熟的人畜粪肥 1000 千克，适当加尿素 5～10 千克，以促进多分枝。进入采收期后，要求每采收一次追肥一次，每次每亩施用腐熟的人畜粪肥 1000～1500 千克，适当加尿素 10～15 千克。浇水的原则是保持土壤湿润，见干即浇，雨季要注意排水防涝。

在整个生长期中，应中耕除草 3～4 次，在采收多次后，应及时打去植株基部的老枝叶，促进新梢萌发，延长采收期，提高产量。

（四）病虫害防治

紫背天葵病虫害发生很少，但也要注意防止蚜虫（主要是甘蓝蚜和萝卜蚜）的危害，以免传播病毒病。发生病毒病的植株，顶端嫩叶症状最明显，表现为叶片浓淡不均的斑驳条纹，严重的叶片皱缩变小，生长受抑制。防治方法：一是在扦插繁殖和分株繁殖时一定要选用无病植株；二是可采用种子繁殖更新母株；三是加强田间管理，提高植株的抗病力；四是及时防治蚜虫，减少病毒的传播。

（五）采收

紫背天葵在南方地区，种植一次可采收 2～3 年。移栽后约

25～30天即可采收，采收标准是，嫩梢长10～15厘米，有5～6片叶。第一次采收时，在茎基部留2～3节，以后从叶腋长出新梢，采收时留基部1～2片叶。在条件适宜的情况下，通常每7～10天可采收一次。每亩每采收一次的产量一般在400～500千克。

四、紫背天葵深液流无土栽培技术

深水栽培紫背天葵是将根系置于栽培床的营养液中，随根系生长调节营养液的液面，以利根系吸收氧气。

（一）扦插繁殖和定植

（1）扦插繁殖　由于紫背天葵很少结籽，因此一般采用扦插繁殖。从健壮植株上剪下长约10厘米的嫩梢，将下部2～3片叶子摘掉，然后直接固定在定植杯里集中到育苗槽内育苗，槽内放清水浸至插梢下端1.5厘米处，15～20天插梢长根成活。

（2）定植　定植杯里的插梢长根后即可移植到栽培槽上。每平方米定植40株。

（二）营养液管理

（1）营养液配方　紫背天葵的营养液配方用肥为：硝酸钙[$Ca(NO_3)_2 \cdot 4H_2O$] 589克/吨、硝酸钾886.9克/吨、硝酸铵57.1克/吨、硫酸镁（$MgSO_4 \cdot 7H_2O$）182.5克/吨、硫酸钾53.5克/吨、磷酸223毫克/吨、螯合铁16克/吨、硼酸3克/吨、硫酸锰2克/吨、硫酸锌0.22克/吨、硫酸铜0.08克/吨、钼酸铵0.5克/吨。定植初期营养液浓度宜低不宜高，以利植株生长，因而配方总剂量分两次添加，即首次添加1/2剂量，1周后再添加余下的1/2剂量。

（2）营养液浓度管理　水培紫背天葵营养液适应范围很广，在EC值1.5～3.5毫西门子/厘米范围内都能生长，生理上未见异常。一般管理浓度以EC值2.0～2.5毫西门子/厘米为宜。

（3）营养液酸度控制　每周定期测定营养液酸碱度一次。紫背天葵适宜在pH值6.0～6.9范围内生长，若营养液pH值高于或低于此范围，应及时用磷酸（硝酸）或氢氧化钠等进行调整。

（4）营养液的液面调节和循环流动管理　定植初期紫背天葵根系还不够发达，营养液的液面要到定植杯底部1～2厘米，以利植株吸收肥水。待植株根系发达时，液面逐渐降至距定植板底部4～6厘米处，使部分根系能充分吸收空气中的氧气。加定时器，采用间断循环给液法，每天上午和下午各循环3次，每次20分钟。

（5）营养液更换　紫背天葵一次扦插后可周年栽培。为防止因营养液长时间循环使用而引起有害物质积累过多，养分失衡，影响植株正常生长，应每隔3个月更换一次营养液。方法是：抽走1/2的营养液，加上2/5剂量的原配方营养液，再补足清水。

（三）病虫害防治

水培紫背天葵病虫害极少，但管理不当也会发生根（茎）腐病、蚜虫等病虫害。一般采取揭膜通风透气、调节适宜温湿度等农业防治措施。一旦发病，可用72%农用链霉素可溶性粉剂4000倍液或10%大功臣4000倍液喷雾防治，每隔5天喷药1次，连喷2～3次，并及时清除病株，补种新苗。

（四）温湿度调控

紫背天葵耐热不耐寒，怕霜冻，因此冬春低温季节（11月至翌年3月）需用塑料薄膜封棚保温栽培，确保越冬；夏秋季气温较高，应使用遮阳网，并揭膜通风，降低棚内温湿度，减少病虫害发生，提高品质和产量。

（五）及时采收

定植后20～25天，苗高20厘米左右，顶端心叶尚未展开时采收。采收时，摘取长10～15厘米、先端具5～6片嫩叶的嫩梢，基部留2～4片叶，以便萌发新的腋芽，供下次采收用。以后每隔10～15天采收1次，常年采收，每亩产量8000～10000千克。

（六）合理留种

春季3～4月开花，6～7月结籽成熟。当花朵吐出白絮时即可采收，晾干，秋季播种繁殖。

五、紫背天葵立柱盆钵基质栽培技术

（一）设施建造

1. 平整地面，建立柱

先将棚室内地面整平压实，然后用砖和水泥沿南北向砌成几条作业道，作业道宽为 80～100 厘米，间距 80～120 厘米。每两个作业道间隙就是每排立柱建造的位置，立柱之间相距 100～120 厘米。立柱底层为可转动的塑料转盘，其下砌 20～30 厘米见方深水泥墩，同时将一根 2 米左右长的 6 分镀锌管预埋于水泥墩里，塑料转盘上叠放 6～10 个梅花形塑料栽培盆。按转盘、栽培盆的顺序自下而上叠放成柱，要求栽培盆突出部上下错开。棚室后脊至前屋面的立柱高度要逐渐降低。立柱旋转自如，这样有利于各处立柱上的苗都能正常接受光照。

2. 铺设滴灌系统

供液总管一端通过阀门与贮液池水泵相连，另一端通过阀门分别与各排立柱的供液支管相连。在每排供液支管上距各立柱较近位置开有三个直径约 1.0 厘米的小孔，通过接头与毛管相通。毛管自立柱上部伸到栽培盆的中心，其中一根毛管安装在上部第一盆，剩余两根平均安装在中、下部栽培盆中，三条毛管呈三角形排列，以便供液均匀。在供液时营养液经供液总管→供液支管→毛管→栽培盆，流量由供液支管阀门控制，栽培盆内的多余水分自上而下通过各栽培盆底的小孔依次渗流至地面，最后汇流至排水沟，排出棚室外。

（二）基质的选择与消毒

由于紫背天葵耐瘠薄，喜沙质壤土，无土栽培基质可选用炉渣、沙子等无机基质。炉渣使用前用 40 目筛子过筛，选择粒径 0.5 厘米以上炉渣作为栽培基质（基质粒径最大不能大于 2 厘米）。基质使用前可用 0.1%高锰酸钾溶液消毒，之后用塑料布覆盖基质，闷 20～30 分钟即可装盆。

（三）定植

预先按塑料盆底形状剪成相应大小的塑料片（塑料片上要稀疏地扎一些小孔），置于盆底，然后将已消毒好的炉渣装至距盆沿1～2厘米的高度。紫背天葵的扦插苗根系在配好的0.5%～1%高锰酸钾溶液中浸泡数分钟后再用清水清洗，然后栽在栽培盆5个突出部位的基质中，用手稍按实后，启动水泵，通过滴灌系统向各栽培盆浇水至湿透。2～3天后再浇1次水，约7天后缓苗结束，而后过渡到正常栽培管理。

（四）栽培管理

1. 温湿度调控

紫背天葵耐热、怕霜冻，因此冬春低温季节（11月至翌年3月）保护地栽培注意保温；夏秋季气温较高，应使用遮阳网，并揭膜通风，降低棚内温湿度，减少病虫害发生，提高品质和产量。

2. 整枝调整

定植后待植株长至15厘米高时，摘去生长点，促其腋芽萌发成为营养主枝。立柱栽培一般每株留4～6个枝条。

3. 营养液管理

（1）营养液配方　可选用日本山崎草莓配方营养液。

（2）营养液浓度管理　基质培紫背天葵营养液适应范围很广，在EC值1.5～3.5毫西门子/厘米范围内都能生长，生理上未见异常。一般管理浓度以EC值2.0～2.5毫西门子/厘米为宜，定植初期EC值0.7～1.0毫西门子/厘米，后期浓度逐渐提高。

（3）营养液酸度控制　每周定期测定营养液酸碱度1次。紫背天葵适宜的pH值为6.0～6.9，若营养液pH值高于或低于此范围，应及时调整。

4. 定期旋转立柱

一般每隔2～3天旋转立柱一次，使各栽培盆中紫背天葵苗都能正常接受光照，尽量达到苗长势一致。

5. 定期洗盐处理

紫背天葵栽培管理过程中，要定期通过滴灌系统浇清水清洗炉渣表面吸附沉积的营养元素，以免积盐毒害根系。一般 1 个月清洗一次，夏季高温季节半个月清洗一次。

（五）采收

定植后 20～25 天，苗高 20 厘米左右，顶叶尚未展开时采收。采收时，剪取长 10～15 厘米，先端具 5～6 片嫩叶的嫩梢，基部留 2～4 片叶，以便萌生新的侧枝。以后每隔 10～15 天采收 1 次，常年采收，每亩产量 8000～10000 千克。

第四章

特种辛香菜类蔬菜栽培技术

第一节　香椿栽培技术

一、繁殖

（一）繁殖方式

有种子育苗、茎秆扦插、插根繁殖及根蘖繁殖等繁殖方式。

1. 种子育苗

香椿种子小，种皮坚硬，又带膜质长翅，直播不易吸水，发芽困难。为达到出苗整齐，播种前需进行种子催芽处理。其方法：

（1）温水浸种　3月上旬，用30～40℃温水浸种一昼夜，种子吸足水分后，捞出放于蒲包内，放在20～25℃温度下催芽，每日早晚各浇水一次，翻倒均匀，待种子有50%以上露白即可播种。

（2）催芽　将种子与河沙按1∶2的比例混匀，并适当洒入清水，湿度掌握在以手握成团、松手即散为宜。将混好沙的种子堆放在一起呈馒头状，每日浇少许水，并不时翻倒均匀，待种子有70%露白即可播种。

2. 茎秆扦插

秋季落叶后至翌年4～5月，选1～2年生枝条，剪成20厘米长的插条，按行株距25厘米×15厘米，插入整好的苗床内，地上露1/3。

3. 插根繁殖

移栽定植时，将植株过长的主、侧根剪下，剪成15～20厘米小段。在整好的苗床内，按行距25厘米开沟深7厘米左右，将根横栽于沟中，间距10厘米，上面覆土压实，浇水。苗高10厘米时，及时除蘖，并注意中耕除草。

4. 根蘖繁殖

香椿的根部具有许多不定芽，在自然环境下，树冠周围常萌发一些幼小树苗，可挖掘出移栽培育新株。但是自然萌蘖有限，可采用人工断根分蘖进行繁殖。其方法：早春解冻后，萌芽前，有树冠外缘，挖50～60厘米的沟，将根末梢切断，用土将沟填好，这样可刺激根先端形成大量蘖苗，萌发新株，翌年即可移栽。

（二）苗床准备

选择地势平坦、土壤肥沃、排水良好的沙壤土做苗床，施足有机肥4000千克，撒匀耕翻，整细、平，畦宽1.2米，深沟高墒。种子播种，按行距20厘米开浅沟5厘米，沟内浇足底水。渗透后，将催好芽的种子均匀撒播在沟内，每亩用干种1.5～2千克，覆土2～3厘米，然后畦面覆盖地膜，盖严压实，以便提高地温，提早出苗。

（三）苗期管理

种子播种出苗后，于傍晚立即将地膜揭掉，轻浇水一次，注意保持畦面湿润。

及时间苗、匀苗，除去过密的及并株苗、弱苗、病苗，保留株距3～5厘米，结合拔除田间杂草，追施磷酸二铵每亩10千克，浇一次透水，浅松土，注意不要伤根。

间苗移栽。5月下旬至6月上旬，幼苗4～6片真叶，高8～10厘米时，为改善幼苗的光照及土壤营养条件，需间苗移栽，株距按10～15厘米，掌握留强去弱、留壮去细的原则。间苗前1天畦面浇透水，使拔苗尽量少伤根，间出的壮苗按行株距25厘米×15厘米，及时移栽到整好的苗床，浇定根水，促使活棵。

移栽活棵及扦插繁殖成幼株后，及时追施肥水，中耕除草，促进幼苗生长。后期则通过摘心、喷施多效唑或肥水管理等措施，控制株高，调整株形，增加苗木养分储备，促进形成饱满顶芽。

二、定植

落叶后至翌年早春萌芽前均能进行栽种。栽种前每亩大田施腐熟有机肥 4000 千克，撒匀深翻，做畦宽 2～2.5 米，按行株距(60～70)厘米×(15～20)厘米（矮化密植）栽种，每亩 6000～8000 株，最高达万株以上。栽后及时浇足定根水，促使活棵。

三、田间管理

1. 肥水

栽种活棵后，及时追施肥水，结合中耕除草，促进苗木迅速生长。

2. 修剪

每年春季椿芽采收结束后，6 月中下旬至 7 月上旬，对主干离地面高 20 厘米处修剪（砍头），促使侧芽萌发成新枝。7 月下旬至 8 月上旬根据新枝条长势的强弱进行打顶，长势强的可提前打顶，相反，可推迟打顶，并结合肥水管理，促进形成饱满顶芽。香椿芽生长期短，应吃早、吃鲜、吃嫩，有农谚言“雨前椿芽嫩如丝，雨后椿芽如木质”。采收标准以芽色紫红、芽长 10～15 厘米为宜。采收时应先采顶芽后采侧芽，若顶芽不采收，则下部侧芽难以生长或生长不良。采芽时应用手齐叶柄基部轻轻摘下，捆成 100～200 克的小捆，用塑料袋装好封口，防止失水萎蔫，提高上市质量。每年椿芽可采收 3～4 次，产量400～500 千克。

3. 病虫害防治

香椿的害虫，有香椿毛虫、刺蛾、云斑天牛等，幼虫期可用 90%敌百虫 800 倍液喷杀，成虫期可用 40%乐果 1500 倍液防治。病害有叶锈病和白粉病，可用 500 倍粉锈宁防治。冬季清洁田园，减少病虫越冬基数。

四、保护地栽培

利用塑料大棚保护香椿越冬栽培，秋季落叶后，将移栽过的香椿植株连根挖出，每 50 株 1 捆，根部浇上泥浆，假植于背阴处。

其方法如下：

11月中下旬在房屋后面挖深50～60厘米、宽50厘米的沟，将捆扎好的植株倾斜竖立在沟内，根部用土填平，浇一次透水，以渗透到沟底为度，以后保持湿润。经15天左右的低温，度过休眠期，然后定植于准备好的大棚内（行、株距同上）。棚内白天保持温度18～24℃，晚上12～14℃，经40～50天，第一批椿芽即可采收上市。保护地栽培要加强肥水管理，提高椿芽产量。

五、加工腌制和贮藏

椿芽通过加工腌制后能长期贮藏，随时外运，方法简单易行。采收新鲜椿芽用水清洗，晾干后每100千克加20千克的盐，缸内一层椿芽，一层盐，盐下层少上层多。3～4小时以后进行翻缸，再经5～6小时后，进行第二次翻缸，前后共翻5～6次，约经20～30天即可腌好。取出摊开晾1～2天，加少量米醋，增加光泽和脆度。再晒至5～6成干时，每100～150克扎成小把，放入小口坛内，排紧压实，封口贮藏，可保存2～3年。

第二节　香芹菜栽培技术

一、播种育苗

香芹菜可以直接在大田播种，也可以育苗移栽。育苗移栽管理方便，经济效益高。为了全年不断供应，应进行春、秋二季播种。长江流域，春播为3月上中旬，秋播在9月上旬。春播一般在保护地（冷床或塑膜小拱棚）进行，秋播在露地设置苗床育苗。

苗床应设置在排灌方便、土质肥沃疏松、水分适度的地块。每亩施入腐熟厩肥1000千克和草木灰100千克作底肥，然后进行耕耙，做成苗床。做床前，如土壤过于干燥，应灌湿后再做床。播种时，将床面整平、整细，均匀撒播种子，然后薄盖土，以不见种子为度。秋播时，最好再盖一层稻草，随即浇透水。每亩用种量13～15克。

春播后，随即在土面上盖地膜，再盖上小棚塑膜或冷床玻璃窗，以提高棚（床）内温度和保持土壤湿度，促出苗。经2～3周出苗。出苗70%～80%时，傍晚揭除盖草或地膜，以后棚（床）温保持15～20℃。结合间苗进行除草，除草宜用小刀挑，不能用手拔，以免拔疏土壤，造成死苗。结合浇水，苗期要追施清水粪2～3次。中午防止棚（床）内温度过高烧苗。4～5片真叶时移植1次，使发生较多侧根；8～9片真叶时，将幼苗定植到大田。

二、定植

为了避免植株在夏季阳光直射下枯死和保证能够继续采收鲜叶，最好把香芹菜与高秆作物进行间作或混作，或是在湿润、阴凉的土壤上栽植。

如果单独栽植，要根据春、秋季播种期的不同选择适当的前、后作物。一般春播的前作物可选用芥菜、莴笋、甘蓝、菠菜等，后作物可选用洋葱、豌豆、蚕豆、莴笋、芥菜等；秋播的前作物可选萝卜、白菜等，后作物可选菜豆、豇豆、秋番茄等。

春播苗在5月上中旬定植，秋播苗在11月上中旬。定植田不宜重茬。底肥可亩施腐熟厩肥3000千克、过磷酸钙25千克、硫酸钾5千克。畦宽1米，行距33厘米，株距10～13厘米，亩栽15000～20000株。

三、定植后的管理

1. 浇水、追肥

定植后，要浇“活棵水”。经3～5天，幼苗成活；7天后，发生新叶，这时要注意浇水，保持土壤湿润，避免土壤干燥，特别是夏季不能使幼苗受旱。叶片生长旺盛期，要结合浇水进行追肥。由于叶片多半供生食，所以不要施人畜粪尿，可每亩追施尿素3.5千克（加水500倍），叶面喷洒0.3%磷酸二氢钾液。每次采收后，应及时追肥，以促进生长。

2. 中耕除草

香芹菜植株生长比较缓慢，易受草害；浇水、追肥后，土壤常板结，妨碍生长，应及时进行中耕松土除草。中耕宜浅，不能伤根。

3. 防暑、防寒

露地栽植的幼苗，从6月中旬开始要进行遮阴，即在畦上搭1～1.3米高的平棚，晴天上午9～10时和暴雨前盖草帘，下午5～6时揭草帘，一直揭、盖到9月下旬为止。10月底搭盖塑膜小拱棚保温，11月中旬膜上加盖草帘防霜。

四、防治病虫

害虫有地老虎、蛴螬、斜纹夜蛾等。可用80%敌敌畏乳油1500倍液或50%辛硫磷乳油1500倍液或90%晶体敌百虫800倍液浇灌植株根部，毒杀蛴螬和地老虎。防治斜纹夜蛾，要抓紧在早期1～2龄幼虫群集为害时，喷洒Bt乳剂500～1000倍液或2.5%敌杀死乳油1000倍液或50%西维因可湿性粉剂300～500倍液，并且喷药要周到，要特别注意喷到叶片背面和中、下部的叶片上。

常见病害有斑枯病（也叫叶枯病）和缺硼、缺钾等生理病害。防治斑枯病，应在发病初期喷洒1∶0.5∶200波尔多液（最好加入占药液0.3%的硫黄粉喷洒，既可提高药效，又可预防药害）或75%百菌清600～1000倍液；或喷0.0003%～0.0005%赤霉素液，刺激生长，可减轻病害。对缺硼植株，用1%硼砂水喷叶，每亩喷50～75千克；对缺钾植株，用0.5%钾肥或用浓度为10%的草木灰（用50千克水淋洗5千克草木灰制成）喷叶。喷施时间应安排在傍晚、清晨或雨后蒸发量小时；天气十分干燥的中午、正在下雨或下雨前、刮风的时候，都不宜喷施。为了节省劳力，化学钾肥、硼肥可混在防治病虫的农药里喷洒。

五、收获

春播苗初夏定植后，当年秋、冬季为盛收期；秋播苗冬季定植后，春、夏季为盛收期。香芹菜一般在出叶旺盛期，即植株具有14片以上叶片时，开始选摘植株中部2～3片生长适度并有良好商品价值的嫩叶，每隔3～4天采收1次，可以连续采收达几周之久。每亩可采叶2000千克左右。注意下部的老叶品质差，不宜采摘，留下进行光合作用，制造养分，供植株继续生长用；上部的小叶也不能摘，因为叶片未完全展开，单叶重量轻，采收效益差，同时会影响植株生长。采收的方法是剪（摘）取外部叶片，剪（摘）时要保留 1～2 厘米长的叶柄，不要将叶柄完全剪下而伤害植株。

采后，常将叶片扎成小把出售。最好把商品叶按标准捆扎包装，贴上商标及时上市。如果装入塑膜袋保鲜，可以防止叶片失水萎蔫，保持产品鲜嫩。长途运输，还要装进塑料周转箱，箱中放入适量冰块，可避免叶片发热和腐烂，降温、保鲜效果更好，再装上保温车运输。

六、采种

采种最好用秋播植株，从中选出符合本品种特征、生长好、抗病虫、品质优、产量高的植株留种。将留种植株妥善保护过冬，第二年春天不采摘嫩叶，以利植株制造和积蓄更多的养分，供开花结籽用。同时加强管理，如浇水、追肥和防治病虫害等。5 月，植株抽薹开花；7 月，种子成熟。一般生产用种，可以在植株下部种子黄熟时一次性收获。将植株割下，放在太阳光下晒干或放在通风的地方吹干、脱粒，然后将种子贮存在布袋或陶瓷容器中。香芹菜是异花授粉植物，品种间容易杂交；为了保持品种的纯度，留种时，种株应与其他品种隔离 1000～2000 米。如遇连雨天不能及时采种，雨水往往存积在花序中心，造成花序腐烂；因此，应在种株上面搭棚或盖塑膜防雨。

第三节　罗勒栽培技术

罗勒喜欢温暖湿润的生长环境，耐热但不耐寒，耐干旱而不耐涝，对土壤要求不严格。若要获得高产及优质的产品，宜选用土质肥沃、排水良好的土壤种植。

一、品种选择

罗勒属植物中的变种及品种繁多。目前常使用的品种大多从国外引进，如斑叶罗勒、丁香罗勒、捷克罗勒、德国甜罗勒。

（1）甜罗勒　为罗勒属中以幼嫩茎叶为食的一年生草本植物，矮生，栽培最为广泛，在我国也较为常见。植株丛紧实，株高25～30厘米，叶片亮绿色，长2.5～2.7厘米，花白色，花茎较长，分层较多。

（2）斑叶罗勒　株高及其他特性同，不同点在于茎深紫色至棕色，花紫色，叶片具有紫色斑点。

（3）丁香罗勒　顶生圆锥花序，花冠白色。丁香罗勒是提取丁香酚的原料植物，用以配制香水、花露水，并作为罐头食品的防腐剂和香料，用作牙科的消毒剂。

（4）矮生罗勒　此品种植株较为矮小，密生，分枝性比较强，叶片很小，花白色，种子和其他品种无大区别。

（5）绿罗勒　此品种植株绿色，比较适合种植在花盆中，因其鲜嫩明快的翠绿色和特殊的芳香气息很受人们的欢迎。花多为簇生，整个植株贴地面生长，花数量很大，形成很小的花簇，花色由玫瑰色至白色，与叶片深绿的颜色形成鲜明的对比，多用作园艺植物。

（6）密生罗勒　此品种最明显的特征在于能够形成大量的枝条，整个植株十分繁密，外形为一个密密的、翠绿色的圆球状植株体，更适合作观赏植物。可种植在花盆中或放在花瓶中，是一种极佳的绿色草本园艺植物。

二、育苗

由于罗勒育苗地区无霜期较短，进行露地栽培生产，要采收种子，必须在温室或大棚内进行育苗。如果只是食用嫩茎叶，可育苗也可进行直播。具体的育苗过程如下：

（一）营养土及药土的准备

1. 营养土配制的原则

营养土具有营养丰富、质地疏松、透气性好、保水力强、酸碱度中性等特点，并且无病原菌、虫卵、杂草种子。

2. 配制方法

依各地的条件、作物种类不同而有差异，大致可参照下面的比例：田土：马粪：炉灰：沙＝50％：15％：20％：15％；田土：马粪：大粪＝70％：15％：15％；田土：马粪：大粪土＝34％：33％：33％；田土：马粪：炉灰：大粪土＝60％：30％：7％：3％。药土：用苗菌敌（20 克/袋）每袋分别加过筛的细沙土 20～30 千克，或猝倒立枯灵（20 克/袋）每袋加过筛的细沙土 10～15 千克，播种时上覆下垫用。

（二）育苗期

一般在 4 月中下旬进行播种。

三、种子处理

（一）种子的选择

应选择发芽力旺盛的新鲜饱满的种子，经筛选、风选和水选除去杂质、细土和瘪粒。

（二）种子处理的目的

种子处理的目的是促进种子发芽，提高发芽率和发芽势，消除附着于种子表皮的病菌和病毒，增强作物的抗逆性。

（三）种子处理的方法

将种子放入容器内，先倒入一点冷水，将种子浸湿。约 3～5 分钟后，等种子表皮浸湿并吸收一些水分之后，慢慢向容器内倒入热水，边倒边用木棒搅拌，使种子受热均匀。当容器内水温升到 50～55℃时，便可停止加热水；当温度下降时，再加些热水，使水温保持要求的温度 15～20 分钟后，自然冷却至 25℃左右，继续浸种，浸种时间以种子吸水刚好饱和为准。罗勒浸种 7～8 小时后，种子表面通常出现一层黏液，在催芽过程中容易发霉，导致烂种。因此，在浸种后要用清水反复漂洗种子，并且要用力搓洗，直到去掉种子表面的黏液，将种子放入纱布袋里，用力将水甩净，用湿毛巾或纱布盖好，保温保湿，放在25℃左右的温度下进行催芽。在催芽过程中，每天用清水漂洗1次，控净，如种子量大，每天翻动1～2次，使温度均衡，出芽整齐。催芽前期温度可略高，促进出芽，当芽将出（种子将张嘴）时，温度要降3～5℃，使芽粗壮整齐。芽出齐后，如遇到特殊天气，可将芽移到5～10℃的地方，控制芽生长，等待播种。

四、播种

要选择晴天上午进行，将营养土装入播种盘内，用热水或温水浇透，等水渗下后，撒一层药土，将出芽的种子均匀播于盘内，上面覆1厘米厚药土，盖上塑料薄膜，保温保湿。

1. 整地

罗勒是一种深根植物，其根可入土0.5～1米，故宜选排水良好、肥沃疏松的沙质壤土地栽培，栽前施基肥，整平耙细，做130厘米左右宽的平畦或高畦。

2. 繁殖方法

（1）用种子繁殖　南方3～4月，北方4月下旬至5月进行播种，条播按行距35厘米左右开浅沟，穴播按穴距25厘米开浅穴，均匀撒入沟里或穴里，盖一层薄土，并保持土壤湿润，每亩用种子0.2～0.3千克。

（2）采用育苗移栽　北方可于3月份阳畦育苗，苗高10～15厘米时带土移栽于大田。移栽后踏实浇水。

3. 田间管理

在苗高6～10厘米时进行间苗、补苗，穴播每穴留苗2～3株，条播按10厘米左右留1株。一般中耕除草2次：第一次于出苗后10～20天，浅锄表土；第二次在5月上旬至6月上旬，苗封行前，每次中耕后都要施入人畜粪水。幼苗期怕干旱，要注意及时浇水。

五、采收加工

罗勒茎叶采收在7～8月，割取全草，晒干即成。种子采收在8～9月，种子成熟时收割全草，后熟几天，打下种子，簸去杂质即成。

第四节 荆芥栽培技术

荆芥，又称芥穗，为唇形科一年生草本植物。荆芥干燥的地上部分，又名香荆芥，其花序称荆芥穗。荆芥具发表、散风、透疹之功能；炒炭有止血作用。荆芥富含芳香油，以叶片含量最高，味鲜美，还可驱虫灭菌，生食、熟食均可，但以凉拌为多，一般将嫩尖作夏季调味料。

荆芥是常用中草药之一，具有广阔的市场前景，投入少，见效快，是农民致富的好项目。

一、荆芥的分布与特征

荆芥在全国大多数地区都有分布，主要产于江苏、浙江、河北、江西、湖南、湖北等地。荆芥一般株高70～100厘米，有强烈香气。茎直立，四棱形，基部带紫红色，上部多分枝。叶对生，基部叶有柄或近无柄，羽状深裂3～5片；裂片线形至线状极针形，全缘，两面均被柔毛，下面具下凹小腺点，叶脉不明显。轮伞花序，多轮密集于枝端成穗状；花小，淡紫色，花冠2唇形；雄蕊4，2强；花柱基生，2裂。小坚果4，卵形或椭圆形，表面光滑，棕色。

荆芥的适应力很强，性喜阳光，常生长在温暖湿润的环境，对土壤的要求不严，一般土壤都能种植，但疏松肥沃土壤生长较好。在高温多雨季节怕积水。

二、荆芥的种植技术

（一）土地的选择

中药材类植物的营养主要来源于土壤，所以在选择中药材种植基地时，不但要考虑药材对生态、气候条件的适应性、土壤的肥力状况、供肥特性，而且土壤中重金属和有毒元素应符合国家规定的标准：镉含量≤0.3 毫克/千克；汞含量≤0.3 毫克/千克；砷含量≤30 毫克/千克；铅含量≤300 毫克/千克；铬含量≤200 毫克/千克；铜含量≤100 毫克/千克。

空气中主要污染物二氧化硫、氮氧化物，均不得超过国家环境空气质量 GB 3095—1996 规定的二级标准。

灌溉用水的指标应符合农田灌溉水质量标准：地下水 pH 值 6.85～6.9，总硬度（$CaCO_3$）274～352 毫克/升，氯化物（Cl）69.9～75.4 毫克/升，高锰酸钾指数 1.86～2.64 毫克/升，氨氮 0.9～0.10 毫克/升，硝酸盐 0.08～0.09 毫克/升，六价铬 0.002～0.003 毫克/升。

应选择平坦、肥沃、无荫蔽物、向阳、排水良好又有灌溉的土壤为好。

（二）土地的耕作

荆芥因为播种比较密，生长期施肥非常不便，所以土地选好后，应多施基肥，一般每亩可施用堆肥、腐熟厩肥或熏土等有机肥 1500～2000 千克以上。注意：重茬地要增施底肥，禁用硝态氮肥、城市生活垃圾、工业垃圾、医院垃圾和粪便。将基肥均匀撒于地面，再进行深耕，一般耕深为 25 厘米左右。深翻后，应根据地势和气候条件做畦，地势平坦的可做成长畦，地势起伏的可形做成短畦；南方雨水较多的可做成高畦，这样有利于排水，北方雨水较少可做成平畦。一般畦宽为 100～150 厘米为宜。畦做好后，为提高种子的发芽率，应对土地进行浇灌塌墒，待土壤干爽后，对土壤进行浅翻。在翻地之前可撒施 3%钾拌磷颗粒剂，防止地下害虫对种子造成危害，影响发芽率。翻地不宜过深，一般 5～6 厘米即可，然后进行平整，这样的土地就可随时进行播种了。翻耕后反复细耙，务使土块细碎，一定要耙平整细。防止畦内包埋的土块和杂物影响荆芥的发芽和根系的生长。

（三）荆芥的繁殖方法

荆芥一般都用种子繁殖，一般在4月份播种。播种前，应对种子进行筛选，捡出种子中的杂质和已损伤的种子，保证播种的纯度和发芽率。然后将种子用水浸泡12～24小时，捞出后晾晒于通风干燥处，这样可促进种子内部新陈代谢，增强种子的成活力，提高发发芽率。荆芥的种子细小，为使播种时能够更均匀，不使种子过密，浪费种子，可等到种子表面无水时掺拌适量细沙或细土，种子与沙子的比例一般为3∶1，搅拌均匀后就可进行播种了。在畦上用工具顺畦开沟，一般沟距约为20厘米左右，沟深5厘米左右。将种子撒入沟内，一般每亩地用种量为1千克左右。播种后，盖土3厘米左右。用脚稍踏实，再用铁耙耧平，使种子与土壤紧密接触。注意要浅播，播后要注意浇水，保持畦面土壤湿润，才有利出苗，播后地温在16～18℃时约需10～15天出苗，如地温在19～25℃，湿度适宜，约需1周出苗，出苗前后也要注意保持土壤湿润。

（四）田间管理

荆芥的生长虽受环境的影响很大，但其经济产量与药的品质取决于田间管理水平。所以，加强田间管理对于保证荆芥的优质丰产有着十分重要的作用。

1. 幼苗期的管理

（1）中耕除草　荆芥生长发育良好的关键措施是中耕除草，主要是将土壤疏松，提高地温，调节土壤水分，铲除杂草，这样才能够促进根系发育，保证荆芥幼苗的健壮生长。当苗高5厘米左右时，用小锄松土，划破地皮就行，防止幼苗伤根。荆芥幼苗期中耕要突出“早”“浅”“细”三个字，早是指出苗后要及时进行中耕；浅是指中耕深度不能超过5厘米，以防伤根、伤苗、跑墒；细是指中耕时做到深浅一致，土壤疏松细碎。

（2）间苗定苗　当苗高6～10厘米时，间去过密的弱苗小苗；当苗高10～15厘米时按10～15厘米留苗2～3株进行定苗。如有缺苗，应将间出的大苗壮苗带土移栽。移栽避免在阳光强烈时进行，最好选阴天进行。移苗时要尽量多带原土，补苗后要及时浇水，以利于幼苗成活。

（3）施肥浇灌　荆芥幼苗期需氮肥较多，为了荆芥秆壮穗多，也应适当追施磷、钾肥。当苗高15～20厘米左右进行施肥，顺行间撒入一些化肥，每亩追施尿素10～15千克、饼肥25～40千克。

幼苗期应经常浇水，以利生长。成株后抗旱能力增强，但忌水涝，故如雨水过多，应及时排除积水。

2. 生长期的管理

（1）中耕除草　荆芥进入生长期后，要经常注意中耕除草，保持田间土疏松，一般20天左右进行1次，或视具体情况再定。撒播的因不便中耕，所以只注意除草，或适当中耕1～2次，一般封行后就不便进行松土了。松土宜浅，以免伤根。中耕宜在土壤干湿度适中时进行。

（2）施肥排灌　当苗高20～25厘米时，加施氯化钾10千克，开沟施入，施后培土。当苗高30厘米以上时，每亩撒施腐熟饼肥60千克，并可配施少量磷、钾肥。

荆芥进入生长期后，成株的抗旱能力增强，一般可不再进行浇灌。夏季久旱不雨，土壤含水量在8%以下，植株呈萎蔫状况时应进行浇水。每次浇水不宜过大，应轻浇。

雨季到来之前，应注意排水防涝，荆芥在这个时期最怕水涝，如雨水过多，应及时排掉田间积水，以免引起病害。

3. 生长后期的管理

7月份荆芥进入生长后期，生长后期一般不进行田间管理了，使其自然生长，这样可以抑制荆芥的生殖生长，有利于营养生长，提高药材的产量和质量。

三、病虫害防治

（一）根腐病

1. 症状

主要症状表现在根和茎基部。叶出现后即发病，植株生长不良，矮小。成株期根和茎基部变黑褐色，稍凹陷，纵剖，维管束变深褐色，病株不发新根，或腐烂死亡。当主根全部染病后，地上茎叶枯死。湿度过大，在病部产生粉红色霉状物。

2. 防治方法

根腐病一般在高温积水时很容易发生，所以浇水要适时，不可大水漫灌。缩短灌水时间，避免存水过多，使水分快速渗入土中。

发病初期，可采用50%多菌灵可湿性粉剂600倍液、40%多·硫悬浮剂600倍液、50%甲基硫菌灵可湿性粉剂500倍液、70%甲基托布津可湿性粉剂500倍液、75%百菌清可湿性粉剂600倍液或77%可杀得可湿性粉剂500倍液进行喷施，每隔7～10天用药1次，连续用药3～4次。喷药时，药量要大，喷到植株上的药液能顺主茎流下。

（二）茎枯病

1. 症状

主要为害地上部茎、叶、叶柄和花穗，以为害茎秆损失最大，发病部位多在地上茎1/2处以上。发病初期，病斑呈黄褐色小点，后期病斑表面产生黑褐色小点，以后逐渐发展成梭形或长条形，最后病部茎周皮全部发病，严重时病茎以上枝叶萎缩而枯死。病叶呈水烫状，病穗枯黄，不能开花或开花后干枯。如苗期受害，迅速蔓延致大片倒伏死亡。一般从6月份开始发生，7～8月为发病盛期。

2. 防治方法

（1）加强田间管理　及时追肥，多雨季节及时排水，促使植株生长健壮。

（2）清洁园田　经常检查田间，发现有病的植株，及时将地上部分剪下集中处理。

（3）药剂防治　发病初期，可用50%多菌灵可湿性粉剂800～1000倍液或50%退菌特可湿性粉剂800倍液进行喷施。喷药时，尽量多喷一些药液，尽量使药液从病斑表面渗透进去。7～10天喷1次，连喷2～3次。

（三）黑斑病

1. 症状

主要为害叶片，也可为害叶柄、茎、花梗和种荚。叶片主要是下至中部的叶受害，新叶则较抗病。染病叶片开始出现湿润状小斑点，逐渐扩大成灰褐色至黑褐色近圆形的病斑。

2. 防治方法

（1）农业控病措施　与非十字花科蔬菜轮作；作物收获后彻底清园销毁病残体，翻晒土壤；高畦深沟植菜，增施优质有机底肥，适当增施磷、钾肥。

（2）种子处理　用占种子重量0.2%～0.3%的40%灭菌丹可湿性粉剂、50%福美双可湿性粉剂或50%扑海因可湿性粉剂拌种。

（3）喷药防治　发病初期可选用下列药剂喷施：75%百菌清可湿性粉剂500～600倍液；10%世高水分散性颗粒剂1200～1500倍液；50%扑海因可湿性粉剂1000倍液；70%代森锰锌可湿性粉剂500倍液；50%多菌灵可湿性粉剂500倍液。隔7～10天喷1次，连续喷2～3次。

（四）地下害虫

地下害虫是指危害期在土中生活的一类害虫，主要有蝼蛄、蛴螬、地老虎和金针虫等。这类害虫种类繁多，危害寄主广，主要取食作物的种子、根、茎、块根、块茎、幼苗、嫩叶及生长点等，常常造成缺苗、断垄或使幼苗生长不良。

防治方法：

（1）黑光灯诱杀　地老虎、蛴螬的成虫对黑光灯有强烈的趋向性，根据各地实际情况，在可能的条件下，于成虫盛发期设置一些黑光灯进行诱杀。

（2）糖醋液诱杀　放置糖醋酒盆可诱杀地老虎的成虫。

（3）用炒香的麦麸、豆饼诱杀蝼蛄　一般在傍晚无雨天，在田间挖坑，施放毒饵，次日清晨收集被诱害虫集中处理。

（4）毒饵诱杀　将新鲜草或菜切碎，用50%辛硫磷100克加水 2～2.5 千克调制，喷在 1000 千克草上，于傍晚分成小堆放置田间，诱杀地老虎。用 1 米左右长的新鲜杨树枝泡在稀释 50 倍的 40%氧化乐果溶液中，10 小时后取出，于傍晚插入春播作物地内，每公顷 150～200 枝，诱杀金龟子效果好。

(5) 喷药防治　用 90%敌百虫 800～1000 倍液、50%辛硫磷乳油 1000～1500 倍液、50%二嗪农 1000～1500 倍液，以上药剂任选一种，在成虫发生期喷 2～3 次，每 7～10 天喷 1 次，均有较好的防治效果。

四、荆芥的采收与加工

(一) 荆芥的采收

荆芥一般在 8～9 月收获，夏播的，当年 10 月收获。当穗上部分种子变褐色，顶嘴的花尚未落尽时，于晴天露水干后，用镰刀从基部割全株。注意：收割时应轻拿轻放，以免花穗落下。

(二) 荆芥的加工

将采收的荆芥运回，摊于晒场，晒至 7～8 成干时，收集于通风处，茎着地，相互倚靠，继续阴干。注意晾晒时不宜曝晒，以免挥发油损失。全荆芥以色绿茎粗，穗长而密者为佳。如只收花穗，称荆芥穗，去穗的秸秆称荆芥秸。荆芥穗以穗长、无茎秆、香气浓郁、无杂质者为佳。

第五节　薄荷栽培技术

薄荷为唇形科多年生草本香花植物，含有十分丰富的蛋白质、矿物质、碳水化合物等营养成分及医药成分、芳香物质。我国为薄荷主产国，产量居世界首位，主产于江苏、安徽、江西、河南、云南、四川等省份。

一、生物学习性

薄荷适应性较强，多于海拔 300～1000 米区域种植，喜温暖湿润环境，生长最适温度为20～30℃，当气温降至－2℃左右，植株开始枯萎，但地下根状茎耐寒性较强。薄荷属长日照植物，性喜阳光充足。现蕾开花期要求日照充足和干燥天气，可提高含油、脑量。如后期雨水过多，则易徒长，叶片薄，植株下部易落叶，病害多。薄荷性喜中性土壤，pH值6.5～7.5的沙壤土、壤土和腐殖质土均可种植。薄荷喜肥，尤以氮肥为主，忌连作。

二、繁殖方式

可用种子、扦插、秧苗和根茎繁殖，栽培上常采用根茎和秧苗繁殖。

1. 根茎繁殖

10月下旬至11月上旬，在整平的畦面上，按行距25～30厘米横向开沟，深10厘米。然后从留种地里挖起根茎，选色白、粗壮、节间短的切成长约10厘米的小段，随即按株距15厘米栽入沟内。栽后施稀薄粪水，覆细土，耙平压实。一般11公顷田地用白嫩新根茎1500千克左右。

2. 秧苗繁殖

选生长良好、品种纯一、无病虫害的田块作留种地。秋季收割后，立即中耕除草和追肥1次。翌年4～5月，当苗高15厘米时拔秧移栽。移植地按行距20厘米、株距15厘米挖穴，每穴栽秧苗2株。栽后盖土压紧，再施入稀薄人畜粪水定根。移栽以清明前进行为宜，可提高产叶量和增加产油、脑量；不宜推迟到端午节后，否则产量低。

三、薄荷栽培技术要点

1. 整地施基肥

选土壤肥沃、地势平坦、排灌方便、阳光充足、2～3年内未种过薄荷的壤土或沙壤土。前茬收获后亩施优质土杂肥4000～5000千克、尿素20～25千克、过磷酸钙70～75千克、硫酸钾15～20千克或三元复合肥50～60千克及硼镁锌等复配微肥4～5千克作基肥。耕耙整平后做畦，宽1.5米，高15厘米。

2. 栽插繁殖

可用种子、扦插、秧苗和根茎繁殖。生产上常采用根茎和秧苗繁殖。

3. 田间管理

（1）查苗补苗　在4月上旬移栽后，苗高10厘米时，要及时查苗补苗，保持株距15厘米左右，即每亩留苗2万～3万株。

（2）中耕除草　3～4月间中耕除草2～3次。因薄荷根系集中于土层15厘米处，地下根状茎集中在土层10厘米处，故中耕宜浅不宜深。第一次收割后，再浅除一遍。

（3）追肥　一般4次：第一次在2月出苗时，亩施粪水1000～1500千克，促进幼苗生长；第二次在苗高20～25厘米，亩施三元复合肥40～50千克，行间开沟深施，施后覆土；第三次在薄荷第一次收割后，亩施三元复合肥70～75千克，最好浇施浓粪水1500～2000千克，促使割后早发棵，以提高产量；第四次在9月上旬，苗高25～30厘米时，亩施20～25千克三元复合肥，以满足植株需求。

（4）排灌　每次施肥后都要及时浇水。当7～8月出现高温干燥以及伏旱天气时，要及时灌溉抗旱。多雨季节，应及时排除田间积水。

（5）去杂　良种薄荷种植几年后，均会出现退化混杂，主要表现为植株高矮不齐，叶色、叶形不正常，成熟期不一，抗逆性减弱，原油产量和质量下降。当发现野杂薄荷后，应及时去除，越早越好，最迟在地上茎长至8对叶之前去除，因此时地下茎还未萌生，可以拔得干净彻底。去杂宜选雨后土松软时进行，既省力又减少对周围薄荷的影响。去杂时，如一时难以分辨，可摘定型叶，用手揉后闻到异味者即为野杂薄荷。去杂工作要反复进行，二刀薄荷也要去杂2～3次。头刀去杂后如基本苗不足，还应移苗补缺。

第六节　紫苏栽培技术

一、紫苏的生物学特性

紫苏为唇形科紫苏属一年生草本植物，其根、茎、叶和种子均可入药，嫩枝嫩叶具特异芳香，可作调味料和蔬菜食用，是优良的出口创汇蔬菜。

紫苏对气候条件适应性较强，但在温暖湿润的环境下生长旺盛，产量较高。土壤以疏松、肥沃、排灌方便为好。在性黏或干燥、瘠薄的沙土上生长不良。前茬以小麦、蔬菜为好。紫苏需要充足的阳光，因此可在田边地角或垄埂上种植，以充分利用土地和光照。

种子发芽的最适温度为25℃左右，在湿度适宜的条件下，3～4天可发芽。紫苏属短命种子，常温下贮藏1～2年后发芽率骤减，因此种子采收后宜在低温处存放。紫苏生长要求较高的温度，因此前期生长缓慢，6月以后气温高，光照强，生长旺盛。当株高15～20厘米时，基部第一对叶子的腋间萌发幼芽，开始了侧枝的生长。7月底以后陆续开花。从开花到种子成熟约需1个月。花期7～8月，果期8～9月。

二、紫苏栽培技术

（一）选地整地

选择阳光充足、排灌方便，表土不易板结、通气保水性好、含腐殖质较高的肥沃土壤做苗床。每亩苗床先于地表均匀施用腐熟的鸡粪、羊粪200千克或浓人粪尿400千克。翻入土内，晒垡10天后，再撒施复合肥5千克、尿素2千克作底肥。肥土混匀耙平整细后做床，床高15厘米，长、宽视地形和操作方便而定。

（二）繁殖方法

1. 直播

春播，南北方播种时间差1个月，南方3月，北方4月中下旬。播种前在床面喷洒300倍除草通药液除草。喷药后4天播种，直播在畦内进行条播，按行距60厘米开沟深2～3厘米，把种子均匀撒入沟内，播后覆薄土并稍压实，有利于出苗。穴播行距45厘米，株距25～30厘米，浅覆土，播后立刻浇水，保持湿润，播种量每公顷15～18.75千克。直播省工，生长快，采收早，产量高。

2. 育苗移栽

种子不足，水利条件不好的干旱地区，可采用此法。苗床应选择光照充足暖和的地方，施农家肥，加适量的过磷酸钙或者草木灰。4月上旬畦内浇透水，待水渗下后播种，覆浅土2～3厘米，保持床面湿润，1周左右即出苗。苗齐后间过密的苗子，经常浇水除草，苗高3～4厘米，长出4对叶子时，麦收后选阴天或傍晚，栽在麦地里。栽植头一天，育苗地浇透水。做移栽时，根完全的易成活，随拔随栽。株距30厘米，开沟深15厘米，把苗排好，覆土，浇水或稀薄人畜粪尿，1～2天后松土保墒。每公顷栽苗15万株左右，天气干旱2～3天浇一次水，以后减少浇水，进行蹲苗，使根部生长。

（三）田间管理

1. 松土除苗

植株生长封垄前要勤除草，直播地区要注意间苗和除草，条播地苗高15厘米时，按30厘米定苗，多余的苗用来移栽。直播地的植株生长快，如果密度高，造成植株徒长，不分枝或分枝很少。虽然植株高度能达到，但植株下边的叶片较少，透光和空气不好，都脱落了，影响叶子产量和紫苏油的产量。同时，茎多叶少，也影响全草的规格，故不早间苗。植株封垄前必须勤锄，特别是直播容易滋生杂草，做到有草即除。浇水或雨后土壤易板结，应及时松土。

2. 追肥

紫苏生长时间比较短，定植后2个半月即可收获全草，又以全草入药，故以氮肥为主。在封垄前集中施肥。出苗后可隔1周施化肥一次，每次亩施13～20千克，全生育期施肥量100～130千克。若用人畜粪尿追施，6～8月每月一次，每次1500千克左右，第一次由于苗嫩施肥宜淡，最后一次追肥后要培土。

直播和育苗地，苗高30厘米时追肥，在行间开沟每公顷施人粪尿15000～22500千克或硫酸铵112.5千克、过磷酸钙150千克，松土培土，把肥料埋好。第二次在封垄前再施一次肥，方法同上，但此次施肥注意不要碰到叶子。

3. 灌溉排水

播种或移栽后，数天不下雨，要及时浇水。雨季注意排水，疏通作业道，防止积水沤根和脱叶。

（四）栽培方式

1. 对环境的要求

紫苏喜温暖潮湿的气候条件，发芽适温 18～23℃，茎叶生长适温 20～26℃，开花期适温 26～28℃，属典型的短日照作物。

2. 种植季节

叶紫苏多采用露地种植，3 月中旬在保护地内育苗，4 月中下旬定植，也可 4 月中下旬露地直接播种，6～8 月陆续采收；保护地于 8～9 月播种或育苗，11 月至来年春季采收。穗紫苏和芽紫苏多在保护地冬春季种植。

3. 种子处理和育苗

将种子用 100 毫克/升赤霉素浸 5～10 分钟，再放在 3℃有光照的条件下处理 5～10 天，然后放在 18～23℃环境下催芽，发芽率可达 80%以上。宜采用塑料穴盘育苗，以草炭和蛭石作基质。条播或撒播，每平方米用种 1 克左右，覆土要浅些。2 片真叶时分苗或间苗，间距 6～8 厘米，4～6 片时定植。

根据食用部分来分，主要有叶紫苏、芽紫苏和穗紫苏三种：

（1）叶紫苏的栽培　每亩施用 3000 千克腐熟有机肥作基肥，整成 1.3 米宽、6～8 米长的平畦，行距 30～40 厘米，株距 30 厘米，每亩 5000～6000 株。5～8 片真叶时掐除顶尖，以促分枝生长。若冬季保护地栽培，可在 3～10 片真叶时进行夜间补光，将光照时间延长至 14 小时，可延迟抽薹，增加叶片数量。生长期间及时浇水，但不要大水漫灌。10 片叶以后每隔 15 天左右追肥一次，每亩穴施“一特”蔬菜专用肥 15 千克。株高 40 厘米，有 20 片叶以上可陆续采收下部叶片，直至抽薹，但每次不要采收过多，以免影响植株继续生长。

（2）芽紫苏的栽培　种子经处理后，在塑料苗盘或苗床上生产，室内适宜温度 20℃左右。用 60 厘米×24 厘米×5 厘米的塑料苗盘，每盘用种 40 克左右，盘底铺两层白棉布或珍珠岩，每天及时喷水，2～3 天调换一次方向和位置。在苗床生产冬季要用电热线来提高地温，一般 15～20℃为宜。播种后 18～20 天，有 3～4 片真叶，苗高 10 厘米以上，即可采收。

（3）穗紫苏的栽培　育苗期间用黑色农膜早晚覆盖，使每天日照时数在 8 小时以内。每 3～4 株定植一丛，行株距 10～12 厘米，每亩 5 万～6 万丛。除施足腐熟有机肥作基肥外，缓苗后穴施一次“一特”蔬菜专用肥，每亩 20 千克左右。穗长至 6～8 厘米时即可采收。

第七节　韭葱栽培技术

韭葱（*Allium porrum*. L）别名洋大葱、葱蒜、洋蒜苗等，属百合科葱属二年生草本植物，原产于欧洲中南部。韭葱具有葱蒜类蔬菜的共同特征，即叶身扁平似韭，假茎洁白如葱，花薹似蒜薹，鳞茎似独头蒜，并有香辣味（故名韭葱或葱蒜），可代替葱蒜炒食或作调料。韭葱可食嫩苗，也可采食假茎、地下鳞茎和花薹，因此，栽后可不断供食。夏秋季气温高、雨水多（尤其是亚热带地区），耐寒的葱蒜类蔬菜难以种植，而韭葱夏秋季仍生长良好，可代替葱蒜类蔬菜食用。韭葱于 20 世纪 30 年代传入我国，在北京、上海、河北、安徽、湖北、广西等地都有零星种植。云南省近几年夏季栽培较多，在昆明还进入了超市，是夏秋季代替葱蒜的理想蔬菜。

一、特征特性

抗寒，耐－10℃的低温；耐热，能经受 38℃的高温。在沙土、壤土或黏质壤土上均生长良好。耐肥，需肥量大，以富含有机质、肥沃保湿的黏质壤土最适宜，土壤酸碱度以 pH 值 7.5～7.8 为宜。种子繁殖，但种子生活力弱，不耐贮藏，生产上须用当年种子。

全株均可食用，产量高。嫩叶、假茎、地下鳞茎和花薹均可食用，可炒食、煮汤或作调料；叶比蒜宽大，叶数比葱蒜多 1 倍，假茎重达 140～180 克，单株重达 450～500 克，每亩产量 4500～5000 千克。

二、栽培技术

1. 品种选择

目前栽培的韭葱品种主要有河北邯郸韭葱和广西韭葱。这两个品种生长势强，鳞茎肥大，假茎经培土软化后洁白柔嫩；叶片宽而扁平，无空心；花薹粗长，产量高。炒食略带甜味，品质佳。

2. 栽培季节

滇中地区可四季栽培，但以春、秋两季播种最为适宜。春播：一般在清明节前后播种，6～7月定植（苗期70～100天），2～3个月后收获嫩苗，初冬收获假茎，翌年春季收获假茎或花薹。秋播：9～10月播种，翌年3～4月定植（苗期150～180天），2～3个月后可陆续收获上市。

3. 播种育苗

苗床宜选肥沃的沙壤土，播种前10～15天深耕晒垡，每亩施腐熟有机肥2500～3000千克，浅耕细耙，整平做成1.0～1.2米的高畦，开沟条播或撒播，每亩播种量2.5～3.0千克。苗床整平后，浇水，水渗下后播种，覆土1厘米厚。苗高5～6厘米时间苗1～2次。苗期用20%的清粪水追苗2～3次，待苗高约20厘米时定植于大田。

4. 定植

选好定植田，定植前深耕20～25厘米，每亩施入腐熟有机肥2000～2500千克，整细耙平，做成宽2.5米（连沟）的平畦，然后定植幼苗。采收嫩苗者定植株行距5厘米×20厘米，亩保苗6万～7万株；采收假茎、花薹者稍稀，株行距10厘米×60厘米，亩保苗1.0万～1.2万株。定植深度以埋住小苗白根为宜。

5. 田间管理

定植后及时浇定根水，缓苗后加强中耕除草工作，任其发根。生长盛期应及时浇水，保持土壤湿润。韭葱对氮肥需求较多，结合浇水可追施硫酸铵或尿素。为了使葱头白嫩，可在假茎粗2～3厘米时进行分次培土，每次间隔10余天。培土深度以培至叶与叶鞘分杈处为宜，切不可埋没心叶，最后一次培土后30天左右即可采收。

6. 病虫害防治

灰霉病病害症状为干尖型、斑点型或混合型，尤以干尖型较常见。发病初期可用50%速克灵或50%扑海因或50%农利灵可湿性粉剂1000～1500倍液轮换用药。蓟马主要为害心叶和嫩叶，可用50%乐果乳油或50%辛硫磷乳油1000倍液防治。

三、采收

若采收嫩苗，可周年生产，均衡供应；若采收软化假茎，春播者10月即可采收，可根据市场要求随时采收上市，主要在秋冬收获；若采收花薹，主要在春季。

四、留种

韭葱采种一般供秋播用，选叶片宽、葱白粗的作为种株，按株行距20厘米×50厘米定植于留种田，幼苗越冬，3～4月抽薹。抽薹后少浇水，当花球形成时适当加大浇水量，开花后结合浇水追肥一次，以保持土壤湿润，7月采收种子。

第五章

特种根菜类蔬菜栽培技术

第一节　芦笋栽培技术

一、选用优种

选用嫩茎粗大、茎顶鳞片紧密、不易散开、高产抗病的西班牙白芦笋。

二、播种育苗

（一）播前种子处理

① 首先将干种子放在45～55℃热水中浸种，水温下降时及时加入70℃以上热水，维持20分钟后，立即倒出热水，加入25℃左右冷水降温，用手搓洗10～15秒，再换清水浸泡种子，浸泡水量要高出种子5厘米以上。在20～25℃室温下浸泡3天，每天早晚各换清水1次。

② 浸泡3天后沥去水分，放在干净的盆中，上覆湿布，置25～28℃的温度下催芽。在种子有10%左右露白时即可播种。

（二）育苗

育苗方法可采用小拱棚育苗和营养钵育苗，育苗时间在3月下旬至4月初。

(1) 营养土配制　多采用过16目筛的腐熟有机肥和园田土混

合而成，肥土比例 6∶4，并可适当加少量复合肥和尿素。

（2）拱棚育苗　将营养土铺到做好的育苗畦内，畦为东西向，宽度 1 米，长度自定，畦高 15 厘米，畦面要求平整，无阴暗坷垃。畦做好后浇足底水，等水渗透后，在畦面按 10 厘米的株行划线，每个交叉点播 1 粒种子，上覆 3 厘米厚营养土。畦上用 1.5 米长的竹片起拱，间隔 80 厘米一根，拱架高 40 厘米左右，上覆幅宽 1.5 米的农膜，并覆盖草帘。

（3）营养钵育苗　将 10 厘米×10 厘米的营养钵内装 3/4 的营养土，浇透水，再覆 0.5 厘米厚的营养土，待营养土浸湿后，每个营养钵点 1 粒种子，后覆土 3 厘米。上起小拱棚。

三、苗期管理

（1）温度　种子出苗前，畦内白天温度 25℃，夜晚 20℃，超过 30℃种子发芽受抑制。播种 10～20 天后出苗，白天温度 25～28℃，夜晚 15℃左右。

（2）水分　畦内除浇透 1 次底水，一般不再浇大水，如果发现畦内干旱，可喷水补墒。

（3）除草　播后 10～20 天齐苗，刚出土的幼苗细小，生长缓慢，容易引起草荒现象。一是靠人工多次拔除杂草，二是播种后对地面喷洒除草剂。目前，适用于芦笋播后芽前的除草剂有利谷隆、克草净、敌草隆、阿特拉津、苯胺灵等。

（4）炼苗　在揭膜前 7 天，采取逐步通风炼苗，以适应外界环境条件。

（5）施肥管理　播种后幼苗生长期间，一般不必追肥。如果肥力不够，可在苗齐后 20 天、40 天各施 1 次，以浇施腐熟人畜粪尿水或 0.3%尿素水溶液为主。注意施用量不能过多。

四、定植

（1）定植时间　芦笋的苗龄一般在 60 天左右，4 月初播种育苗的要在 5 月下旬定植。秧苗需达到的标准是：幼茎株高 30 厘米，地上部有 2～3 个地上茎，茎秆坚硬，粗度 0.2 厘米，拟叶深绿繁茂，根系发育正常，有5～7个贮藏根。

（2）整地施肥　所选地块必须是没有种过葱、蒜类和果树的。地块选好后，结合深翻土地，亩施优质有机肥5000千克，一半用于铺施，一半用于沟施。

整好地后，按行距180厘米开沟，沟宽50厘米，深40厘米，沟施有机肥和氮磷钾复合肥，复合肥每亩施用20千克，并与土壤混合，沟底与地面差6～9厘米，即可栽植。

（3）起苗、定植　定植前要进行起苗。起苗时，苗畦如果过于干旱，要提前1～2天浇1次起苗水，防止伤根，边起苗边移栽，株距30厘米，植于沟中心，移植时根系与土壤紧密按实，覆土6～9厘米，浇足定植水，亩植1200株左右。

（4）定植成活的关键

① 起苗时少伤根。

② 栽植时回填的土要细，要压实。

③ 定植水浇透，如果连续晴天不下雨，过3天再浇1次水，连续浇2～3次水。

五、定植后的管理

（1）中耕松土与除草补苗　幼苗定植到大田后有一段缓苗期限，施肥浇水为杂草滋生创造了有利条件，及时清除杂草对促进芦笋健壮生长非常重要。特别是在夏季及初秋，当雨量较多，土壤湿润时，杂草生长很快，必须及时清除。在清除杂草的同时，发现缺株、断垄的要及时取苗补栽。

（2）合理套种　移栽定植结束后，可考虑在行间套种一季矮秆作物或蔬菜。对春季定植的大田，可在行间套种花生或豆科作物，原则是不套种高秆或蔓性作物。

（3）施肥管理　施肥共3次，第1次在定植后30天进行，以尿素或氮磷钾复合肥为主，每亩施10～15千克尿素或20～30千克复合肥，开浅沟条施，沟距芦笋植株10～15厘米。施肥后浇水。间隔30天后施第2次肥，第1次在植株左边开沟，第2次在植株右边开沟。再间隔30天施第3次肥，这次又恢复左边开沟，但每次施肥用量可适当增加。

第二节　香芋栽培技术

香芋，别名为菜用土栾儿、美洲土栾儿等，为多年生草本植物。原产于北美、欧洲，在我国已有较长的栽培历史。香芋属粮菜兼用作物，以块根供食，煮炒均可，味清香，营养丰富。据山东农业大学中心实验室营养分析，香芋含淀粉38.2%、粗蛋白17.3%、还原糖4.2%、钾1.5%、钙928毫克/千克、铁670毫克/千克、锌19.7毫克/千克、维生素C 4.1毫克/千克、维生素B_1 0.79毫克/千克、维生素B_2 0.15毫克/千克，并且富含多种氨基酸，对人体具有较高的营养价值和保健作用。

2002～2004年，在单县香芋主产区进行了香芋优质高产栽培技术研究，高产示范田亩产香芋553千克，市场单价10元/千克，亩产值5530元，纯收入达粮食作物的3倍以上，经济效益良好。

一、特征特性

香芋属蔓性植物，茎细，蔓长2.5米左右，叶互生，奇数羽状复叶，总状花序蝶形花，小花密生，花冠紫褐或淡绿，翼瓣淡红紫色，花芳香。花期6～9月，开花不结实。匍匐茎分布于土表层7厘米处，其匍匐茎上陆续产生块茎，圆球形，长3～8厘米，皮黄褐色，肉质洁白，质地致密。播种后第二年采收的块茎质量最好，长7～8厘米，重约150克左右。

二、主要栽培技术

1. 选择地块

香芋不耐干旱和水涝，不适盐碱、贫瘠土壤、淤土，喜欢通透性良好的疏松土壤。宜选择排灌条件好的沙壤土或轻壤土种植。香芋忌重茬，应注意轮作。

2. 选择良种

香芋有细皮和粗皮2个品种：细皮块根的表皮较细，品质较好，但产量较低；粗皮块根的表皮粗糙，品质较差，但产量较高。当前宜选择细皮品种进行高产开发。

3. 整地施肥

3 月初灌水造墒，耕翻耙耢。每亩施优质有机肥 3000～4000 千克，磷酸二铵 30～40 千克，硫酸钾 10～15 千克作基肥。播种前耕翻起垄，整平垄面，垄面宽 50 厘米，垄沟宽 60～70 厘米，垄高 20 厘米。

4. 适期播种

鲁南 4 月初播种。选无病害、较小的块根作种，根长的可剪断，果密的可剪开，块根的两端必须保留细根各一小段，有利于发芽，苗齐苗壮。每亩用种量 40～50 千克。用 50%多菌灵 500～800 倍液浸泡 10 分钟，晾干后播种。垄面上种 2 行香芋，垄上小行距 40 厘米，株距 7～10 厘米，每亩 12120～17216 株，播后覆土 3～4 厘米，压实耧平。

5. 科学管理

齐苗后，结合浇水每亩冲施人粪尿 400～500 千克。6 月初在垄沟一侧开小沟，每亩追施优质有机肥 800～1000 千克、磷酸二铵 15 千克左右、硫酸钾 10 千克。生长期遇旱必须及时浇水，保持土壤湿润，以小水勤浇为好，忌大水漫灌。浇水后浅锄，破除板结，保墒灭草。中耕宜浅，以免伤害块根。苗高 10～15 厘米时，用长 2 米的竹竿或枝条搭架，两行一架呈“人”字形，以利通风透光。蔓高达 2 米左右时摘心。麦收前后，用草粪或麦秸覆盖地面以降低地温，为香芋生长创造良好的土壤环境。

6. 收获

元旦和春节上市的香芋，应在立冬前后进行采收。经霜冻茎叶枯死后，叶面匍匐茎和近地未死茎蔓的养分继续向块根中转移。第二年 1～2 月份采收，茎叶枯死后立即采收可增产 20%左右。

7. 贮藏

贮藏香芋可将块根与湿润的散细土交替分层堆放，堆高 50 厘米，堆中插通气管，四周用泥土封严，常温可贮藏 2～3 个月，贮藏种用香芋则选择地势高燥的地方，挖成 1 米深的沟窖，将块根放入沟窖中，上覆麦秸，覆土 30 厘米。注意防止雨雪浸入。

第三节　山药栽培技术

一、品种选择

目前主要种植的山药品种有细毛长山药、二毛山药和日本山药3个品种。细毛长山药和二毛山药都属于普通山药长柱变种。日本山药是一个适应性强、品质好、产量高、有发展前途的品种。

二、土壤选择和刨沟

种植山药，应该选择肥沃、疏松、排灌方便的沙壤土或轻壤土，忌盐碱和黏土地，而且土体构型要均匀一致，至少1～12米土层内不能有黏土、土沙粒等夹层。否则会影响块茎的外观，对品质也有影响。刨沟应该在冬春农闲季节进行，按100厘米等行距或60～80厘米的大小行，采取“三翻一松”（即翻土3锹，第4锹土只松不翻）的方法。沟深要达到100～120厘米，有条件的可采取机械刨沟。

三、种苗的制备

种苗制备方法有3种：一是使用山药栽子，取块茎有芽的一节，长约20～40厘米；二是使用山药段子，将块茎按8～10厘米分切成段；三是使用山药零余子。选用种苗以零余子育苗较好，其次是栽种1～2天的山药栽子，超过3年的不能用。用山药块茎作种苗是比较先进的栽培方法，既解决山药块茎数量不够问题，且产量高，又能防止品种退化。分切山药段子，一般栽种时边切边种，用50%多菌灵300倍液浸泡1～2分钟，晾干后即可播种。细毛长山药和二毛山药可提前30天切段，两端切口处粘一层草木灰和石灰，以减少病菌的侵染。

四、整畦，灌墒

把山药沟刨出的土分层捣碎，捡除砖头石块，然后回填，做成低于地表10厘米的沟畦，只留耕层的熟化土，以备栽种时覆土用。沟畦做好后，应该先将沟畦种植面耙平后灌水，水下渗后，即可栽种。

五、种植方法

山药的种植方法，因各地气候条件不同而有差异，一般要求地表5厘米地温稳定超过9～10℃即可种植。有条件的也可使用地膜覆盖。一般的方法是：山药沟浇透水后，将种苗纵向平放在预先准备好的10厘米深的深畦中央，株距25厘米左右，密度为4000～4500株/亩，然后覆土5厘米，在山药的两侧20厘米处施肥。一般施土杂肥3000千克/亩以上，尿素10～15千克/亩，硫酸钾40～50千克/亩，过磷酸钙60～75千克/亩，腐熟棉籽饼30～40千克/亩。施肥后，上面再覆土5厘米，使之成一小高垄。

六、科学管理

1. 高架栽培

山药出苗后几天就甩条，不能直立生长，因此需要支架扶蔓。一般选用1.5米左右的小杆作支架最好。

2. 浇水、排水及换水

山药性喜晴朗的天气、较低的空气湿度和较高的土壤温度，一生需浇水5～7次。在浇足底墒水的情况下，第一水一般于基本齐苗时浇灌，以促进出苗和发根；第二水宁早勿晚，不等头水见干即浇；以后根据降雨情况，每隔15天浇水1次。伏雨季节，每次大的降雨后，应及时排出积水和进行涝浇园——换水，目的是为了降低地温，补充土壤空气，防止发病和死苗。

3. 施肥

山药需肥量大，一般山药产量为2000～2500千克/亩，需纯N约为10.7千克、P约为2057.3千克、K约为208.7千克，其比例为1.5∶1.0∶1.2。据有关研究数据表明，氮磷钾比例以1.5∶1.0∶3.0的产量最高，在施足基肥的基础上，可在开花期进行一次追肥。此时即将进入块茎膨大期，可结合浇水追施尿素15千克、硫酸钾15～20千克。生长后期可叶面喷施0.2%磷酸二氢钾和1%尿素，防早衰。

4. 中耕除草

山药发芽出苗期遇雨，易造成土壤板结，影响出苗，应立即松土破板。每次浇水和降水后，都应进行浅耕，以保持土壤良好的通透性，促进块茎膨大。在山药的生产过程中，应及时除草。出苗前，可用地落胺或乙草胺进行土壤封闭性除草。出苗前，可用盖草能或威霸防除各种杂草。

5. 防治病虫

病害主要有褐斑病和炭疽病。褐斑病主要危害叶片，防治方法主要是避免行间郁蔽高温，注意排涝，发病初期喷洒70%甲基托布津和75%百菌清可湿性粉剂800～1000倍液，10天喷洒1次，连续喷洒2次。炭疽病主要危害叶片及藤茎，防治方法是实行轮作，及时消除病残体，发病初期喷洒50%的甲基托布津或50%福美双可湿性粉剂，10天喷洒1次，连续喷洒2～3次。虫害主要有山药叶峰，主要啃食叶肉，把叶片吃成网状，造成严重减产。防治方法是用高效低毒的菊酯类农药（如敌杀死、百树得等）喷雾。

6. 收刨和贮藏

山药的茎叶遇霜就会枯死，一般正常收获期是在霜降至封冻前，零余子的收获一般比块茎早30天。收刨的山药，冬季贮藏在地窖中，温度以4～7℃为宜。

第四节　婆罗门参栽培技术

婆罗门参又称西洋牛蒡，为菊科婆罗门参属2年生草本植物，能形成肥大肉质根，肉质根可烤、煮、炸或做汤，有一种牡蛎鲜味，被称为“蔬菜牡蛎”，嫩茎叶也可生食。原产于欧洲南部的希腊、意大利等地，有200多年的栽培历史，病虫害较少。

一、植物学特征

根系发达，肉质根为长圆锥形，长约20～30厘米，直径3.5

厘米左右，表皮黄白色，光滑，根毛较多。叶狭长丛生，长 33 厘米左右，宽 3 厘米，又被称为“山羊须”，暗绿色。一般株高 60～150 厘米，茎直立，少有分枝。生育第 2 年开花，头状花序，果实为瘦果，种子细长，两端尖，种皮粗糙，黄褐色，顶端有长喙，着生羽状冠毛。

二、栽培季节

一般采用春播秋收，北方地区 5～6 月播种，10 月下旬收获，收获后进行窖藏；南方地区 6 月份播种，10 月下旬成熟，植株可在露地过冬，随时食用随时挖收。为了延长供应期，也可采取春种夏收的栽培方式。

三、栽培技术

1. 施肥

最好在播种前一年深耕，使土地充分晾晒，耕作层要在 50 厘米上下。播种前施入基肥，每亩用腐熟的牛马粪或其他厩肥 2500 千克，深施 40～50 厘米。

2. 播种

婆罗门参一般采用种子繁殖，每年播种均应使用新种子。土壤施肥以后，开沟直播，播种前一天浇足底水，水渗后开沟或穴。开沟播种时行距 35 厘米，种子播于沟内，深 2.5 厘米，播种不宜过密。

3. 管理

播种后要注意保持土壤湿润，覆盖稻草等保墒防干，勤浇水。播后大约 10～12 天出苗，揭去覆盖物。待幼苗长成后间苗，2～3 次间苗后，最后定苗时株距也分别为 35 厘米×25 厘米，间苗时要注意区别幼苗和杂草。生长期间应及时中耕，拔除杂草，一般在封垄前中耕 2～3 次。在肉质根增长前期进行 2～3 次追肥。在肉质根增长中期每亩可追施硫酸铵 5 千克。夏季生长中要注意排除田间积水，施肥要避免浓度过大，并要离根部稍远一些，以免烧根。

4. 采收

婆罗门参的根部极耐寒，只要在冬天不十分寒冷的地区，可以露地过冬或去除叶片梢部，铺上一层覆盖物过冬。在冬天寒冷的地区，可将根部挖出，贮藏于冷窖中，下垫湿沙子，留几寸叶片，可长期贮存。但贮藏时间如果过长，其牡蛎鲜味将显著减少。

5. 采种

可在冬季收获时选留根形整齐、无伤病、具本品种特性的种根，按行距 80 厘米、株距 30～35 厘米定植于采种田，并培土保护。翌年春发芽后除去盖土，进行中耕、施肥、浇水。应及时搭架支撑种株，避免倒伏。种子成熟后搓去冠毛，风选后贮藏。

第五节　樱桃萝卜栽培技术

樱桃萝卜是一种小型萝卜，系国外引进品种，具有质地细嫩、生长迅速、色泽美观等特点，不仅深受生产者和消费者欢迎，而且还满足了宾馆、饭店的特需供应，成为餐桌上的佳肴。食用方法可以生食、炒食、腌渍和配菜。樱桃萝卜现已成为见效快、收效高的新型蔬菜种类。

一、植物学特征

樱桃萝卜的根较短，主根深 20 厘米，其肉质根有圆形、椭圆形，皮色有红、白和上红下白 3 种颜色，肉色多为白色。单根重很小，大约十几克至几十克，叶片在营养生长时期丛生于短缩茎上，叶形有板叶和花叶之分，叶色有浅绿色和深绿色，叶柄与叶脉也多为绿色，个别有紫色，叶片、叶柄有茸毛。种子为扁圆形，种皮颜色有暗褐色和浅黄色。

二、对环境条件的要求

樱桃萝卜属半耐寒性蔬菜。生长的温度范围为 5～25℃，种子发芽适温为 15～25℃，生长适温 20℃左右，25℃以上有机物质积累减少，呼吸所消耗的物质增多。6℃以下生长缓慢，并易通过春化阶段而造成未熟抽薹。在0℃以下肉质根容易遭受冻害。对光照的要求不太严格，属中等光照蔬菜，不过在叶片生长期和肉质根生长期，充足的光照有利于光合作用的进行。对土壤的适应性较广，因肉质根较短小，对土壤要求不太严格，但在保水和排水良好、疏松通气的沙质土壤上生长发育较好；相反，若土壤水分不足，会发生肉质根的须根增加、外皮粗糙、味辣、空心等现象。在干旱或高温条件下，易引发病虫害。

三、生长发育周期

樱桃萝卜的营养生长发育周期大体分为如下3个阶段：

(1) 发芽期　由种子萌动到第1片真叶展开，约需3～5天。

(2) 幼苗期　由真叶展开到形成5～7片真叶，根出现破肚现象，需10天左右。真叶展开后，幼小植株进入“离乳期”，由依靠种子内营养物质生长逐渐转入依靠光合作用生长。

(3) 肉质根生长期　破肚到肉质根形成，约需15天左右。

四、品种选择

目前常用的品种有：

(1) 二十日大根　由日本引进。肉质根为圆形，直径2～3厘米，单根重15～20克。根皮呈红色，肉色为白色。生育期较短，为25～30天，适应性强，喜温和气候，不耐热，外观美丽。

(2) 四十日大根　由日本引进。肉质根为圆形，直径2～3厘米左右。肉为白色，根皮红色。单根重15～20克，植株矮小，较直立，株高20～25厘米。抗寒性较强，不耐热，生育期30～35天，具有生育期短、适应性强的特点。

五、栽培季节和栽培方式

樱桃萝卜的栽培季节除夏季以外，春、秋露地以及冬季保护地均可栽培。栽培方式有露地栽培以及温室、大、中、小棚栽培，但以春、秋露地栽培为主。

六、栽培技术

1. 整地做畦

栽培地块要先深翻、晒土、平整土地，再撒施腐熟有机肥 2000 千克，做平畦，畦宽 1 米，或做垄高 10 厘米，垄距 10～15 厘米。播种前，畦或垄内施过磷酸钙每亩 7～10 千克。

2. 播种及管理

樱桃萝卜一般进行条播，行距 10 厘米，株距 3 厘米左右，播种深度约 1.5 厘米。每亩用种量约 100 克。春季露地播种时，由于气候寒冷多风，所以播前应先浇足底水，播种后覆细土 2 厘米，防止土壤板结，减少水分蒸发，提高土壤温度，有利于种子发芽和幼苗出土。樱桃萝卜由于生长期短，植株矮小，可以作为瓜类、茄果类生长前期较好的间作套种品种。如在北京地区将樱桃萝卜套种在保护地结球生菜之间，收到较好的效果。

樱桃萝卜的田间管理比较简单，播种后温度达到 22～25℃，大约 2～3 天幼苗出土。当子叶展开时进行一次间苗，留下子叶很正常的株苗，其余间去，要在苗子比较密集处进行间苗。当真叶长到 3～4 片叶之前要及时进行定苗。生长期间要注意土壤墒情，保持田间湿润，不要过干或过湿，浇水要均衡。一般可不追肥，若土壤肥力不足时可随水施用少量速效氮肥。生长期间要及时中耕除草，尤其是秋季栽培，前期正值高温多雨季节，杂草生长旺盛，拔除杂草，保持土面疏松，防止土壤板结。

3. 收获

樱桃萝卜一般生长 25～30 天，肉质根美观鲜艳，直径达 2 厘米时即可开始陆续收获。在不同栽培季节收获要注意及时采收，过早影响产量，过迟纤维增多，易产生裂根、糠心，影响商品性状。

第六节 根芹菜栽培技术

一、根芹特性

根芹菜别名根洋芹、球根塘蒿等，以脆嫩的肉质根和叶柄供食用。根芹菜原产于地中海沿岸的沼泽盐渍土地，由叶用芹菜演变形成。1600年以前意大利及瑞士已有根芹菜栽培的记载，目前主要分布在欧洲地区。中国近年来引进，仅有少量栽培。根芹菜是伞形花科芹属中的一个变种，能形成肉质根的二年生草本植物。根为肉质，圆球形。可食的膨大部分主要由短缩茎、下胚轴和根的上部分组成。肉质根的最外层为周皮，向里为次生韧皮部，具有发达的薄壁细胞组织，为主要的食用部分。再向里为次生木质部。茎在营养生长期短缩，叶着生其上。1～2回羽状全裂，小复叶2～3个，卵圆形3裂，边缘锯齿状。生殖生长阶段，茎端抽生花薹，并发生多次分枝。花序为复伞形花。花小，白色，异花授粉，亦可自花授粉。双悬果，圆球形。根芹菜喜冷凉湿润的气候条件，适宜的生长温度为20℃左右，25℃以上生长缓慢。不耐炎热高温。高温条件下，肉质根易发生褐变和腐烂。根芹菜适于湿润的土壤条件。适宜的土壤是有机质丰富、疏松肥沃的壤土。总体来看，根芹菜的性状与叶用芹菜相似。

二、营养价值与用途

根芹菜的肉质根和叶柄均可供菜食用，质脆嫩，有芹菜的药香味，可凉拌、炒食、煮食。根芹菜有药用价值，其榨出的汁液可作药用，具有降血压、镇静等作用。

三、类型与品种

根芹菜在国内栽培很少，尚无类型、品种分类。

四、栽培季节

由于根芹菜食用不普遍，种植较少，故多为露地栽培，极少用保护地栽培的。按栽培时间分为春季栽培和秋季栽培两类。

春季栽培在华北地区可于1～2月育苗，3～5月定植于露地，5～7月收获。1～2月育苗时，需利用风障阳畦、塑料大棚内育苗畦、日光温室育苗畦进行育苗。3月可在露地建畦育苗。

秋季栽培在6月中旬至7月中旬播种育苗，8月下旬至9月上旬定植，10 月下旬至 11 月上中旬收获。

在温度适宜的条件下，根芹菜从播种至成苗需 80～90 天，发芽期较长，幼苗生长缓慢。

五、春季栽培技术

根芹菜在冬季或早春育苗，定植于露地，在春季生长，初夏或中夏收获，这种栽培方式为春季栽培。该方式的上市期值春末夏初蔬菜供应淡季，经济效益较高。

（一）栽培设施及时间

华北地区在 1 月上旬至 2 月下旬育苗时，应在风障阳畦、日光温室、有草苫子覆盖的塑料中小棚、塑料大棚等中进行。3 月下旬至 5 月上旬定植于露地。5 月中旬至 7 月上旬收获上市。在 3 月育苗时，可在露地建育苗畦播种育苗，5 月中下旬定植于露地，7 月收获上市。

（二）播种、育苗

播种前 10～15 天，育苗设施应施肥、浅翻、整平，做成平畦，扣严塑料薄膜，尽量提高地温。播种前，用 30℃的温水浸种 12 小时，后捞出，用纱布包裹，置于 20℃的温度条件下催芽。催芽期间，喷水保持种子湿润。每天抖松种子数次，以利通气，并使之见散射光，促进迅速发芽。约 7 天左右，种子 50%以上“露白”，即可播种。播前，苗床先浇大水，待水渗下后，撒种。每公顷用种量 15 千克。撒后覆细土 0.5 厘米厚。播种后，立即盖严塑料薄膜，提高苗床温度。白天保持 20℃左右，夜间 15℃左右，促进迅速发芽出苗。出苗后，根据外界气温适当放风。白天保持 17～20℃，夜间 12～15℃。苗期适当浇水，1 月可不浇水，2 月浇 2～3 水，3 月每 5～7 天 1 水，以保持土壤见湿见干为度。水分过多，会降低地温，影响幼苗生长。土壤干旱，易旱死幼苗。当在 1～2 叶期间苗，3～4 叶期进行一次分苗。分苗株行距为 10 厘米×10 厘米。也可不分苗，但应通过间苗保持株间距离在 5～8 厘米。

定植前10～20天，外界气温渐高，应注意苗床通风降温。防止苗床温度过高，造成幼苗徒长，以及降低抗低温适应能力，影响定植成活率。一般白天保持15～20℃，夜间10～15℃。待幼苗9～10片叶时，即可进行定植。

3月露地育苗时，可不用进行温度管理。其他管理同上述。只是在4～5月，外界气温渐高，干热风频繁，土壤极易干旱，为防止旱死幼苗，应及时浇水。一般每3～5天一水，保持土壤见干见湿。幼苗生育中后期，如土壤施肥不足，可追尿素2次，每次每公顷150千克。追肥后及时浇水。

（三）定植

华北地区一般于3月下旬至5月上旬定植于露地。定植前，每公顷施有机肥45000～75000千克，深翻、耙平，做成1.2～1.5米宽的平畦。

定植株行距为（25～40）厘米×（25～40）厘米。定植密度不宜过大，否则肉质根变小，降低商品质量。由于根系受伤后不易恢复，定植时应小心谨慎挖苗，防止伤根，尽量带土坨移植，以利根系恢复和幼苗成活。定植后及时浇水。

（四）田间管理

定植后2～3天，及时浇缓苗水。缓苗后，立即中耕松土，进行蹲苗5～7天。植株生长前期，适当浇水，保持土壤见干见湿，每5天左右浇一水。结合浇水，追施一次尿素，每公顷150千克，促进根系扩展和肉质根开始膨大。叶丛生长旺盛期，适当多浇水，保持土壤湿润，一般每3～5天1水。肉质根膨大期需水量较多，加上外界气温升高，蒸发量很大，应均匀地多浇水，保持土壤湿润，每3天1水，以促进肉质根迅速膨大。结合浇水，每10～15天追一次复合肥，每次每公顷225～300千克，共追2次。生长期间需及时摘除老叶和侧生枝叶，以利通风透光。在肉质根膨大期间，可把根际土壤扒开，用刀修去肉质根的侧根，使主根生长肥大，表面光洁，形状整齐。修根后不要立即浇水，需待2～3天伤口愈合后再浇水，防止伤口腐烂。

（五）收获

根芹菜收获期不明显，只要肉质根长至一定大小，市场需要，价格合理，就可挖取上市。

六、秋季栽培技术

（一）栽培时间

根芹菜秋季露地栽培华北地区一般于6月中旬至7月中旬播种、育苗，8月下旬至9月上旬定植。

（二）播种、育苗

育苗畦应每公顷施45000千克腐熟的有机肥，浅翻，做成宽1.2～1.5米、高10～15厘米的小高畦。因育苗期正值雨季，应及早挖好排水沟，注意排水。

播前应进行催芽处理。因此期外界气温很高，而根芹菜种子发芽需要较低的温度，所以应把种子放在井筒中、地下室等阴凉处催芽，其他方法同春季栽培。播种后，育苗畦上架小拱，上覆旧塑料薄膜，或草苫子，进行遮阴、降温；也可在畦上铺碎麦秸，进行遮阴和保墒。出苗后陆续撤除覆盖物。

出苗期，每天浇小水，保持地面湿润，防止干死幼芽。苗期正值炎热季节，土壤蒸发量很大，应3天1水，保持土壤湿润。浇水还兼有降低地温的作用。苗期杂草很多，应经常拔草，防止草荒。其他管理同春季栽培育苗。秋季栽培培育秧苗可适当小些，苗龄可稍短些，以60～70天为宜。

（三）定植

定植期正值高温炎热季节，为防止秧苗受热干旱致死，应在傍晚或阴天凉爽时定植。定植密度、方法同春季栽培。

（四）田间管理

定植后立即浇水，2～3天后浇缓苗水。地稍干即中耕松土。

生长前期正值雨季，应注意排水防涝。大雨后可浇冷凉的井水降温并增加土壤中的氧气含量。其他管理参照春季栽培。

（五）收获

在酷霜来临前收获上市。也可在收获后埋藏于窖中、沟中，保持 0～1℃的温度条件下贮藏至冬季上市。

七、越冬

近年来，有些地区进行少量地根芹菜越冬栽培。越冬栽培中，以收嫩叶柄和肉质根两种产品为主。

越冬栽培的播种期与秋季露地栽培相同，也可稍晚 15～20 天。于 10 月上中旬初霜来临前扣上塑料大、中、小棚，或保温性能稍差的日光温室。扣棚前的育苗、田间管理与秋季栽培相同。

扣棚后，前期加大通风量，注意降温。进入 12 月应逐渐扣严塑料薄膜，有条件时加盖草苫子保温，保持白天 14～20℃，夜间 5～10℃。1 月份注意勿受冻害。如夜温不能保持 0℃以上，则可停止栽培。

11 月以采收叶柄为主。每 15～20 天，劈收长大的嫩叶柄，每株 3～4 片。劈收后 3～5 天浇水一次。待保护设施内温度太低，不能再生长时，挖取肉质根上市。利用塑料大、中棚栽培时，12 月上中旬结束；利用日光温室栽培时，可延迟到 1 月底至 2 月底结束。

八、周年多茬栽培技术

目前利用春季栽培和秋季栽培，根芹菜可从春季一直供应到初冬。如利用越冬栽培，则可实现周年供应。根芹菜的栽培技术与叶用芹菜差不多，进行四季生产、周年均衡供应比较容易。进行根芹菜栽培时，尽量不要重茬。其前茬除了芹菜外的其他蔬菜均宜，其后茬也适于多种蔬菜。春季栽培宜用冬闲地，收获后可种大白菜、萝卜等秋冬蔬菜。在收获期较早时，也可定植夏番茄、辣椒等蔬菜。在越冬栽培中，于 12 月或 1 月根芹菜收获后，可于 2 月至 3 月定植黄瓜、番茄或辣椒等蔬菜，进行春早熟栽培。

九、病虫害防治

根芹菜栽培历史很短，病虫害尚不严重。常发生的病害有叶斑病、斑枯病、软腐病等，发病初可用77%可杀得500倍液、50%甲基硫菌灵500倍液或40%细菌灵8000倍液喷施，或交替应用，每7～10天1次，连喷2～3次。常发生的虫害是蚜虫，可用50%辟蚜雾2000倍液喷雾防治。

十、采种技术

根芹菜留种时，应在秋季田间选健康、整齐的肉质根，完整地挖出后，用土或细沙埋放在地下窖中，保持0～1℃，土壤或细沙呈湿润状态，以安全越冬。翌年春季土壤解冻，华北地区约在3月上中旬整地，按株行距30厘米×60厘米定植肉质根。约在5月开花，6月中下旬即可采收种子。

中国北方地区有大量食用芹菜的习惯，根芹菜的叶柄不如叶用芹菜的食用价值大，如以叶柄为产品，根芹菜的栽培前景不广阔。根菜类蔬菜在中国北方习惯上列入粗菜类，人们不甚喜食，故而根芹菜的发展前景不甚乐观，短期内仍属稀特蔬菜。

第七节　牛蒡栽培技术

牛蒡子为菊科植物牛蒡（*Arctium lappa* L.）的干燥成熟果实，又名大力子，为常用中药，具疏风散热、宣肺透疹、散结解毒之功能。根亦可入药，具清热解毒、疏风利咽功能。主产于东北各省，现河北、江苏、河南、山东等省引种栽培。全国各地都有分布。

一、形态特征

二年生草本，株高1～2米。主根肉质。茎直立，粗壮，多分枝，略带紫色，被白色柔毛。基生叶丛生，大型，长40～50厘米，宽30～40厘米，中部以上叶互生，具柄；叶片卵状心形至阔卵形，边缘具细锯齿或呈微波状，叶背密被白色柔毛。头状花序排列呈伞房状；总苞片先端弯曲呈钩刺状；小花全为管状花，紫红色。瘦果长椭圆形或倒卵形；略具 3 棱，表面灰褐色，具灰色斑点；冠毛宿存，淡褐色，呈短刺状。花期 5～6 月，果期 6～8 月。

二、生长习性

牛蒡子为深根性植物，适应性强，耐寒，耐旱，较耐盐碱，忌积水。多见于山坡、田野、路旁，但喜温暖湿润向阳环境，低山区和海拔较低的丘陵地带最适宜生长。种子发芽适温为 20～25℃，发芽率 70%～90%，种子寿命为 2 年。播种当年只形成叶簇，第二年才能抽茎开花结果。

三、栽培技术

1. 选地、整地

牛蒡子对土壤要求不太严格，但栽培时，宜选上层深厚、疏松、排水良好的地块。深翻 30～40 厘米，耙细，整平，每亩施入农家肥 2000～3000 千克，做成 1～1.5 米宽畦。

2. 繁殖方法

种子繁殖，以直播为主。春、夏、秋均可播种，但以春播为好，时间 3 月中旬至 4 月上旬，秋播在 8～9 月间。在整好的畦上按 50～80 厘米开浅沟进行条播；或按 80 厘米株距穴播。每穴点入种子 5～6 粒，播种前，将种子放入 30～40℃ 的温水中浸泡 24 小时，有利出苗，播后覆土 3～5 厘米，稍加镇压后浇水，1 天左右可以出苗。每亩用种 2 千克。此外，可育苗移栽，于 3 月上旬在苗床上播种，5 月上旬或秋季移栽。

3. 田间管理

幼苗期或第二年春季返青后要进行松土，同时前期要特别注意除草，后期叶子较大时停止中耕。

当苗长至 4～5 片真叶时，按株距 20 厘米间苗，间下的苗如有缺苗处，可带土移栽；苗具 6 片叶时，按株距 40 厘米定苗，穴播者每穴留 1～2 株。

第二年基生叶铺开时，不再进行除草，但要追肥 2～3 次，每亩施人粪尿 2000 千克。植株开始抽茎后，每亩追施磷酸二铵 10 千克或过磷酸钙 10 千克，促使分枝增多和籽粒饱满。施后要及时浇水，雨季要注意排水。

4. 病虫害防治

（1）叶斑病　多发生于 6 月，发病初期喷洒 50％多菌灵 1000 倍液。

（2）白粉病　6～7 月份阴雨天多发，为害叶片。防治方法：可用 50％退菌特 1000 倍液或 50％托布津 800～1000 倍液于发病初期喷施。

（3）连纹夜蛾　幼虫咬食叶片，幼龄期用 90％敌百虫 800 倍液喷雾防治。

（4）蚜虫　牛蒡子终生都有蚜虫为害，严重时可造成绝产。用 40％乐果乳剂 800 倍液喷雾防治。

四、采收与加工

牛蒡种子成熟期一般在 7～8 月，但成熟期不一致，要随熟随采。当种子黄里透黑时应分期分批将果枝剪下，一般 2～3 次便可采收完。采收后打出种子，晒干后去净杂质，即得牛蒡子。根四季可采，挖出洗净，刮去黑皮晒干即可。

第六章

<<<<<<

特种水生蔬菜栽培技术

第一节　水芹菜栽培技术

水芹菜含有多种人体不可缺少的营养物质，其产量高而稳，病虫害少，是无公害食品。天气条件对其影响不大，亩产量在3000千克左右，高产田块可达5000千克以上，一般亩效益2000～3500元左右。水芹菜的供应期长，种植水芹菜的技术不复杂，只要具有土质松软、肥沃、有机质丰富和灌水方便、保水性能好等条件，并抓住几条关键措施，就能稳产、高产。

一、茬口选择

选择土壤肥沃、保肥保水性能好、排灌方便的浅水藕田、春玉米田、早大豆田等茬口。

二、栽培管理

1. 施肥整地

播种前7～10天，每亩施优质有机肥2000～2500千克或饼肥100～150千克以上，然后进行深耕上水沤制，耕翻次数越多，翻得越深，沤制时间越长，越容易获得高产。在最后一次耕翻整地时，亩施三元复合肥50～75千克以上，要求达到田面平整，四周筑好高田埂（高度在50厘米以上），灌上薄水层。

2. 选种催芽

于8月中下旬将种芹茎秆用稻草捆好，每捆扎2～3道，粗

20～30 厘米。捆扎后，将种茎横一层、竖一层交叉地堆放在不见太阳的树荫下或屋后北墙根，上面盖上稻草或其他水草，没有自然条件的，可用遮阳网遮阴。每天上午 9 时前、下午 4 时后各浇清水一次，保持湿润，防止发热。在凉爽、通气、湿润的情况下，约经 7 天左右，各节的叶腋长出 1～2 厘米的嫩芽，同时生根。这样发芽、生根的种茎即可播种，撒种可切成长度 30～40 厘米左右，排种的可切成 60 厘米左右。

3. 浅水排种

水芹菜的适宜播种期在 9 月上旬，过迟不利于高产。要想夺取高产，排种是基础。催芽后的种茎即可排种，排种的方法是：将催芽的种茎，茎部端朝田埂，梢端向田中间，芽头向上。排种时还要注意以下几点：一是要保证密度，排种的间距通常在 6～8 厘米，一般每亩用种量 200～250 千克；二是田面要平整，以利长芽生根，从而达到生长一致。这一阶段最忌田面高低不平，高处干旱，不利扎根和长芽；低处积水，太阳晒热浅水烫坏嫩芽，待长成幼苗以后，逐步加深水层。

4. 追肥治虫

在幼苗长到 2～3 张叶片时，开始追肥，促进植株尽快旺长，以后每隔 7～10 天追肥一次，每次每亩用尿素10～15 千克。发现蚜虫，及时用蚜虱净喷雾防治或深水（4 小时左右）灭蚜。

5. 水层管理

排种后待水芹菜充分扎根生长时可以排干田水，轻搁一次，以后要逐步加深水层，初期 5～10 厘米。以后水层在 30 厘米，保持植株露出水面 15 厘米左右。入冬以后，水芹菜停止生长，主要以灌水保暖，防止受冻。

6. 匀苗深埋

当苗高达 25 厘米左右时，结合清除杂草和混合肥料，进行田间整理，一是移密补稀，使田间分布均匀；二是捺高提低，使田间群体生长整齐、高矮一致。同时，可采用深埋入土的办法进行软化，提高水芹的品质。具体办法：于 11 月上中旬，株高 25～30 厘米以上，用两手将所有的植株采挖起来，就地深栽一次，每穴10～15 株。入土深度视株高而定，地上部留 10 多厘米。其余全部栽入烂泥中，使其在缺光的条件下逐渐软化变白。在深埋时，两手五指伸开夹住植株根部直插入土，要求不歪不卷根，这是提高水芹菜品质、食用价值的重要措施。但是，在土质不烂的田块上，这种办法就很难实施，同时，这种田块的产量也不会太高。

三、采收

在不同地区采收时间和标准不同，不需进行深埋软化的地区，在11月中下旬就可以上市，经过深埋软化的上市时间适当推迟。同时可根据市场需求，在价格较高时上市，尤其应在元旦、春节两大节日期间大量上市。

第二节　荸荠栽培技术

荸荠又名马蹄、荠子、地栗，是一种水生作物。其肉质脆嫩，味甜汁多，富含营养，除生食、熟食，作蔬菜水果外，还可加工制淀粉、饴糖、罐头、蜜饯。其具有止渴、消食、解热、化痰的功效，是一种很好的保健食品，深受国内外市场青睐。

一、栽培管理

1. 两段育秧

4～5月在稻谷育秧时，室内贮藏的荸荠种开始萌发幼芽。这时，在秧田里留一边角，将出芽的荸荠种按株行距10厘米×10厘米进行移栽；或者把荸荠种栽插于大田的四边，株距8厘米左右，其肥水管理与育秧同时进行。约4周左右后，将荸荠种按33厘米×33厘米株行距移栽，进行第二段育秧。在此期间，保持浅水勤灌，不能硬板，并勤除杂草，使荸荠苗发足发壮，以利大暑前后栽植。大田栽植株行距仍按33厘米×33厘米，每穴5～7株为宜。

2. 苗床育秧

4～5月，选取个体大、无破损、顶芽健壮的种荸荠，浸种5天，使之吸足水分，即可播种。播种前做好苗床，苗床畦宽1.4米，畦面上铺一层1寸（3.3厘米）左右塘泥，将荸荠种挨个地排放插在泥中，深度以顶芽刚齐泥为宜，然后盖上焦土泥灰，搭好荫棚，用稻草覆盖。晴天要每天浇水，保持畦面湿润，当芽长到3厘米高时可拆除荫棚，要经常浇水，待苗龄25天左右（苗高约10厘米）就可移栽到大田。每亩大田用种约30～50千克。5～6月移栽，株行距33厘米×33厘米，每穴1～2株苗。

3. 田间管理

荸荠对水分要求比较严格，适宜于浅水环境生长。因此，田间要经常保持土壤湿润，栽植时灌浅水约3厘米。在植株进入分蘖分株阶段水深要经常保持7～10厘米。如遇高温干旱还应适当加深水位。立秋后5～7天，放干田水，拔除杂草（注意不要用手拔除枯死老叶，以防烂芽），轻烤田一次，然后灌水养苗，直至寒露后方可停止灌水。

4. 施肥

基肥要足，每亩施厩肥1000千克、青草绿肥1000千克、枯饼肥50千克，在栽植前施下作基肥。追肥视植株生长情况而定，约追施2～3次，第一次在定植后每亩施人粪尿1000千克或在苗高15～20厘米高时施尿素10千克；第二次在植株生长旺盛时每亩追施饼肥75千克或猪牛栏肥1500～2500千克。

5. 除草

荸荠前期除草两次，第一次在定植后15～20天左右，第二次在定植后1个月。除草要谨慎，以免碰伤匍匐茎。

6. 治虫

8月下旬至9月上旬荠苗旺长时期，是荠螟发蛾高峰和产卵盛期，要及时防治，可摘除荠叶上的卵块、连根拔除发黄的枯心苗和施用杀螟虫的药剂防治。

二、收获

荸荠定植后至白露后开始结小荸荠，到霜降就可开始收嫩荸荠，但味淡而不甜，且产量较低，不耐贮藏。小雪后荸荠皮色变红黑色，已充分成熟，味甜，产量高。此时也可灌浅水，使已成熟的荸荠在泥下越冬，翌年发芽前可根据需要陆续收获，分批供应市场。但不能迟于2月下旬，否则品质变劣，产量下降。留种用可延迟到清明前后收获。

荸荠一般分布在地下15厘米左右的土层里，收获时先将田水排干，然后边拔荠秸，边用手翻泥摸取采收。如拔掉荠秸，不及时采收，荸荠容易腐烂。荸荠一般亩产1000千克左右，高的可达2000千克。

第三节 慈姑栽培技术

慈姑是泽泻科（Alismataceae）慈姑属中能形成食用球茎的栽培种。学名 *Sagittaria sagittifolia* L.，别名剪刀草、燕尾草，古名藉姑、河凫茈、白地栗。多年生宿根性草本植物，原产于中国。在中国东南部各省栽培较多，其中江苏、浙江两省比较普遍。

一、特征特性

（一）生物学特性

植株高60～100厘米。

（1）根 须根。

（2）叶 箭形。

（3）茎 有短缩茎、匍匐茎和球茎三种。植株主茎为短缩茎，成长植株短缩茎上各叶腋的腋芽先后萌发，抽生匍匐茎，随后各匍匐茎的先端陆续膨大，形成球茎。

（4）花、果实、种子 部分植株从叶腋中抽生花梗，总状花序，种子部分有发芽力，但后代性状不一，生产上都不用作繁殖。

（二）对环境条件的要求

（1）水分 适于浅水，生长期间保持水深10～20厘米。

（2）温度 喜温暖，生长期间要求20～30℃的温度，休眠期内要求较低温度，以5～10℃为宜。

（3）土壤 要求土层松软肥沃，含有机质在1.5%以上，以黏壤土或壤土为宜。肥料以氮为主，磷、钾、钙适量配合。

（4）光照 要求光照充足，特别在球茎形成期不能遮阴。属短日照植物，日照转短有利于球茎的形成和开花。

（三）生长发育特性

慈姑以球茎的顶芽进行无性繁殖。每年一个生育周期，其生长发育经历3个明显的阶段性变化，最后休眠越冬。

1. 萌芽生长期

4月中旬，气温基本稳定在14℃以上时，过冬的球茎顶芽萌发生长，先抽生1～2片二叉或三叉状过渡叶，并在其基部第3节上发根，直至抽生第1张具有叶柄和叶片的正常叶，先后历时20～30天。

2. 旺盛生长期

从植株生出第1片正常叶以后气温逐渐升高，抽生大叶达到10片以上，陆续向地下抽生匍匐茎，本阶段先后历时120～130天，从5月上旬到9月上中旬，要求水肥供应充足，水位适当加深。

3. 球茎形成期

各叶腋中抽生的匍匐茎陆续膨大，形成球茎，到球茎不再增大后，内部营养物质不断增加，水分含量减少，达到生理成熟。本阶段从9月上中旬开始，到11月上中旬结束，历时60天左右，要求光照充足，昼夜温差较大，水位逐渐落浅。待气温降到10℃以下时，植株地上部经霜冻枯死，球茎在湿润的土中休眠越冬。

二、类型及品种

（一）类型

现有的栽培品种按球茎形态大体上可分为两大类：

一类是球茎表皮淡白色或淡黄白色，环节上的鳞衣色淡；球茎卵圆形或近圆形，肉质较松脆、微甜、无苦味，如苏州黄慈姑。

另一类球茎表皮青紫色，球茎呈圆球形或近球形，肉质致密，稍有苦味，如江苏省宝应紫圆慈姑。

前者分布较广，长江以南各地均有栽培；后者则主要分布在长江两岸及淮河以南各地。

上述两类慈姑按其熟性的不同，又分为早熟和晚熟品种。早熟品种生育期150～190天，晚熟品种200天以上。

（二）品种

1. 宝应紫圆

江苏省宝应县地方品种，现分布江苏各地。中熟，生育期190天左右。株高95～100厘米，球茎近圆形，皮青带紫，单球茎重25～40克，肉质紧密，品质好，耐贮运，较抗黑粉病。亩产1000～1500千克。

2. 苏州黄

江苏省苏州市地方品种。较晚熟，生育期200天左右。株高100～110厘米，球茎长卵形，皮黄色，单球重20～30克，肉质稍松，品质较好。亩产750～1000千克。

3. 沈荡慈姑

浙江省海盐县地方品种。生育期220天。株高70～80厘米，球茎椭圆形，皮黄白色，单球重30克左右，肉质细致，无苦味，品质好，较晚熟。

4. 沙姑

广州市地方品种。较早熟，生育期120天左右。株高70～80厘米，球茎卵形，皮黄白色，单球重40克左右，肉质较松，不耐贮运，品质较好。

三、栽培季节

慈姑在中国各地均于春季或夏季种植，秋、冬季采收。由于慈姑生育期长，且移栽易成活，多实行育苗移栽。一般都在当地春季气温达到15℃时开始育苗，长江流域多在4月中下旬，华南地区气候温暖，于2～3月开始育苗。

四、栽培技术

1. 田块和品种选择

应选土质肥沃、松软、含有机质较多的水田，要求灌、排两便，土壤微酸到中性。宜选择当地市场适销对路、品质优良、产量较高的品种。

2. 育苗

一般都在当地春季气温达到15℃时开始育苗，长江流域多在4月中下旬，取出贮藏越冬的种球，稍带球茎上部，掰下顶芽，室内晾放1～2天，随即插种于预先施肥、耕耙、耱平的苗床中，株、行距各为10厘米，插深以顶芽的1/2入土，只露芽尖为度。保持田中2～3厘米浅水。经40～50天，具3～4片箭形叶时，即可起苗定植。华南地区气候温暖，于2～3月开始育苗，在苗床出现分株并已抽生3～4片叶后，将原苗及其分株移栽，到7～9月分期分批定植大田。

3. 定植

长江流域一般在5月下旬至7月下旬定植，华南地区多于7月上旬至9月上旬定植。定植前大田施足基肥，一般每亩施入腐熟堆肥或厩肥3000～4000千克、尿素15～20千克、过磷酸钙30～40千克、硫酸钾25～30千克。苗龄45天左右，有4片箭形叶时即可起苗定植，也可延至8～10叶期定植。苗上部1/3用刀割去，保留中心嫩叶及3～4根25～30厘米的叶柄，定植深度9～12厘米，株行距为40厘米×40厘米。

4. 田间管理

栽后保持田间浅水7～10厘米。夏季高温天气，气温常在30℃以上，宜逐渐加深到13～20厘米。及至生育后期，天气转凉，气温降到25℃以下，球茎陆续膨大，水层又应逐渐排浅到7～10厘米，最后保持田土充分湿润而无水层，以利球茎成熟。定植成活后开始中耕除草，到植株抽生匍匐茎时为止，共进行2～3次。至田间植株基本封行时，应分次摘除植株外围老叶。到植株抽生叶片转慢，地下已长出一部分匍匐茎时，应追施一次较重的肥料，以促进球茎肥大，并应氮、磷、钾肥齐施。

五、病虫害防治

（一）主要病害防治

1. 慈姑黑粉病

（1）症状　发病后在叶片和叶柄上生出多个黄色突起疱斑，内有黑粉，破坏绿叶，造成减产。花器和球茎也可染病。

（2）防治

① 清洁田园，从无病田选留种用球茎。

② 提倡轮作，合理密植。

③ 防止氮肥过多，增施磷、钾肥。

④ 育苗前用50%多菌灵可湿性粉剂800～1000倍液或25%三唑酮可湿性粉剂1000倍液浸泡晾好的顶芽1～3小时，冲洗后扦插。

⑤ 发病初期及时用上述药液或50%硫菌灵（托布津）可湿性粉剂500倍液喷雾，隔7～10天喷1次，连喷2～3次。

2. 慈姑斑纹病

（1）症状　侵害叶片及叶柄，产生灰褐色病斑，周围有黄晕，数个病斑连接，毁坏叶片，影响产量。

（2）防治　参见慈姑黑粉病。

（二）主要害虫防治

1. 莲缢管蚜

（1）症状　慈姑出芽后有翅蚜迁入、繁殖，在盛夏高温季节前后出现蚜虫高峰，尤其秋季慈姑球茎生长期蚜虫量大，为害重，是关键防治时期。

（2）防治　选用40%乐果乳油800倍液，或50%抗蚜威或10%吡虫啉可湿性粉剂4000倍液等喷雾。

2. 慈姑钻心虫

（1）症状　多在夏、秋盛发，成虫昼伏夜出，产卵有趋嫩绿习性，卵块多产于叶柄中、下部。初孵幼虫群集钻入叶柄内蛀食，使叶片凋萎。老熟幼虫在残茬及叶柄中群集越冬。

（2）防治方法　结合摘除老叶与受害叶叶柄，捺入泥中；清除慈姑残株，减少虫源；在主要为害世代卵孵化盛期，撒施5%杀虫双颗粒剂1～1.5千克/亩，或用40%乐果乳油1000倍液喷雾。

六、采收与留种

（一）采收

早栽慈姑于田间大部分叶片枯黄时采收，以应市场慈姑淡季的需求；晚栽慈姑于地上部全部枯黄时采收。长江流域在 10 月下旬开始采收，多留田间陆续采收到次春 2～3 月。早栽慈姑一般产量 650～1000 千克/亩，晚栽慈姑一般产量 1000～1400 千克/亩。

（二）留种

一般从慈姑丰产田选留良种，在采收时选择具有所栽品种形态特征、球茎较大、顶芽较弯曲、充分成熟、无病虫害的优良种球留种，晾干后贮藏过冬。食用部分为球茎。茎的类型为短缩茎、匍匐茎和球茎。对环境要求：水深≤20 厘米，20～30℃。繁殖器官：球茎的顶芽。

第四节　茭白栽培技术

一、选好种株

由于灰茭、雄茭每年都会在正常的茭白田内自然产生，因此必须年年选种。在一些新引种茭白的地方，往往是第 1 年生产较好，第 2 年即开始出现灰茭、雄茭现象，第 3 年种墩就不能作种，出现大量灰茭、雄茭，产量大幅度降低。若用灰茭、雄茭的种墩或分株作种，第 2 年还是灰茭和雄茭，绝不会成为正常茭。

在秋茭采收前，选取孕茭早、茭肉粗壮白嫩、主茭与蘖茭采收期一致、无灰茭、无病虫害、四周无雄茭的优良单株，插竿作为标记。发现灰茭、雄茭应将叶片打结作为记号，到第 2 年春季分墩时，先将灰茭、雄茭连根挖去。每亩田需种株 200～300 墩。选好的优良种株待采收后，于 12 月中旬至翌年 1 月中旬将种茭丛连根挖起。茭白种株以地表向下 1～2 节地下茎所萌发的芽为有效分蘖，所以应切除种株最上部和最下部各节，留中间一段进行扦插假植。假植的行距为 50 厘米，株距 15 厘米，每隔 5～6 行留出 80 厘米的走道，假植深度以齐茭墩泥为度，并保持 1～2 厘米的浅水层。为了促使假植苗早发根萌芽，防止受冻，秧田可采用地膜覆盖，能使茭白提早生长发育，从而提早成熟和提高产量。当假植苗成活后，每亩秧田可施入碳酸氢铵 3～4 千克，促进幼苗生长。春季，对根茎密集、分蘖拥挤的茭墩，当苗高10厘米左右时应将细弱分蘖除去，同时向根际压一块泥，使蘖芽向四周散开，以改善营养状况和株间通风透光。在移栽定植前1周，除去生长势过旺、趋向“雄化”的幼苗，以减少雄茭的发生。由匍匐茎上萌芽的“游茭”不能作种茭用。

二、栽培要点

1. 茭田选择、翻耕和施基肥

茭田应选择光线好、土地平整、土层深厚、有水源的保水保肥力强的田块，以有凉水经过的水田或近水库可利用库区深层水灌溉的地块最好。

翻耕茭田，每亩施入腐熟农家肥3000千克或浓人粪尿2500千克，如前作是水稻田，还要增加基肥的用量，并耙平，然后灌水2～3厘米，做到田平、泥烂、肥足。

2. 适时定植（指春季种植）

4月至5月上旬，当茭苗高20厘米左右、水田土温10℃以上时即可移苗定植。如果选用老茭墩育苗的，此时将老茭墩连根挖起，用快刀顺着分蘖着生的方向，按3～5个健全分蘖为1墩进行纵劈分墩。分墩要求带老茎，劈时尽量少伤及分蘖和新根，并做到随挖、随分、随栽。如茭苗过高，可剪去叶尖，使苗高保持在25～30厘米，防止栽后倒伏。定植密度一般为行距70～80厘米，墩距65厘米，并分大小行，大行为走道。每亩定植1200墩左右，保证6000株基本分蘖苗。定植深度以所带的老茎薹管没土为度，以晴天下午栽种为好。

3. 水位管理

茭白水位管理以“浅—深—浅”为原则。定植后的生长前期（分蘖之前），保持3～5厘米的浅水位，有利于提高地温，促进发根和分蘖；到6月份分蘖后期，将水位加深到12～15厘米，以抑制无效分蘖的发生，由于7～8月温度高，深水位还具有降温的效果，但要定期进行换水，防止土壤缺氧造成烂根；进入孕茭期，水位应加深到15～18厘米，但不能超过“茭白眼”的位置（最高水位不宜超过假茎的2/3），防止薹管伸长；孕茭后期，应降低水位至3～5厘米，以利采收；采收后茭田应保持浅水层或湿润状态过冬，不能干旱。

在每次追肥时，要等肥料吸收入土壤中后再灌水，如遇暴雨天气，应注意及时排水，防止因水位过高而造成薹管伸长。

4. 分期追肥

（1）提苗肥　茭苗定植7～10天成活后，亩施人粪尿500千克或碳酸氢铵15～20千克催苗，如茭白田基肥足够，可减少施肥量。

（2）分蘖肥　在分蘖初期（与第1次肥隔10天左右），亩施人粪尿1000千克或碳酸氢铵20～30千克，促进有效分蘖和植株的生长；如没有施提苗肥，应适当提前追施分蘖肥。

（3）调节肥　在分蘖盛期的6～7月，应视植株的长势情况进行追肥，一般亩施碳酸氢铵10～15千克，如植株生长强健可不施。

（4）催茭肥　当新茭有10%～20%的分蘖苗假茎已变扁（开始孕茭），此时应重施催茭肥，促进肉质茎膨大，提高产量，一般亩施腐熟人粪尿2500～3000千克或碳酸氢铵30～40千克。催茭肥要适时施入，过早施，植株尚未孕茭，易引起徒长，从而推迟孕茭；过迟施，赶不上孕茭期对肥料的需要，则影响产量。

5. 中耕耘田，摘除黄叶

茭白定植成活后应及时耘田除草，为了保护好分蘖苗，耘田时要由近及远，以防伤害分蘖苗。耘田以无杂草、泥不过实、田土平整为佳。在6月下旬茭白分蘖后期，株丛拥挤，应及时摘除植株基部的老叶、黄叶，以促进通风透光，促进孕茭，隔7～10天摘黄叶1次，共2～3次。将剥下的黄叶随时踏入田泥中，可作肥料。

6. 防治病虫害

（1）茭白的主要虫害　有长绿飞虱、大螟、二化螟、蓟马、蚜虫等。长绿飞虱群集于叶片上危害，造成叶片枯黄而减产；大螟、二化螟以幼虫在结茭期危害茭肉；蓟马、蚜虫群集危害幼叶，造成叶尖枯黄卷缩。

［防治措施］　在定植成活后至采收前7～10天，每隔12天喷药1次进行预防，长绿飞虱、蓟马可用40%乐果1000倍液、25%扑虱灵2000倍液、2.5%天王星乳油1000～1500倍液；大螟、二化螟用5%锐劲特1000倍液、Bt系列可湿性粉剂800倍液、5%抑

太保乳油 2500 倍液、80%敌敌畏乳油 1000 倍液、18%杀虫双 800 倍液；兼用 20%三唑磷 800～1000 倍液、25%亚胺硫磷 600～800 倍液或 20%好年冬 1000 倍液，交替喷雾。

（2）茭白的主要病害 有茭白锈病、胡麻斑病、纹枯病，危害叶片和肉质茎，使叶片和肉质茎枯黄干死，特别是高温季节发病严重，影响产量。

［防治措施］ 茭白锈病在发病初期，用 20%粉锈宁 1500 倍液、97%敌锈钠 500 倍液、70%代森锰锌 700 倍液或 40%福星 8000 倍液喷雾，每 7～10 天喷 1 次，共 2～3 次。各种药剂应交替使用。胡麻斑病可用 50%扑海因 1000 倍液或 50%多菌灵 500 倍液防治。纹枯病用 5%井冈霉素 300 倍液防治。在茭白进入孕茭期后，禁止使用杀菌剂，以免杀死黑粉菌，造成茭白不孕茭，因此防病必须在植株生长前期（分蘖之前）进行。

三、采收

山区茭白一般在 7 月上旬开始孕茭，8 月中旬至 9 月上旬采收，比平原地区秋茭提早 20～30 天采收。不同的气候条件，特别是气温的高低，会影响茭白的孕茭时间和采收期。采收时削去薹管，切去叶片，留叶鞘 40 厘米，带叶鞘的茭白浸在清水中可贮存 3～5 天（若采用冷库贮藏，可保鲜 60～70 天）。一般从开始孕茭到采收约需 14～18 天。采收过早，肉质茎尚未充分膨大，产量低；采收过迟，则茭肉变青，质量下降，且易形成灰茭。在进入采收期后，应每隔 3～4 天采收 1 次。一般亩产壳茭 1600 千克左右。

第五节 芡实栽培技术

一、育苗

一般在 3 月下旬到 4 月初播种，播前应先做好苗池和种子催芽。苗池应设在背风向阳、地势平坦的洼地处，池宽 2 米，池长因播种量而定。四周做埂，田内挖翻平整，施足基肥，保持水深 5～

8 厘米。等泥水沉淀澄清后，将发芽后的种子近水面均匀撒下，播种 300～350 粒/米^2。芡实秧苗细小脆弱，忌播种时折断嫩芽和在水中没心叶。种子催芽方法：先将种子用清水漂洗 1～2 次，置阳光下曝晒，至种壳发白时放入干净盘钵，钵中盛清水，以浸没种子为宜，日晒夜盖，保持日温 20℃以上，夜温 15℃左右，约 15 天后种子开始萌动，等 8%以上种子胚芽初露时插入苗池。秧池播种后，如气温较低，可在阴雨天或夜晚用竹竿搭起小棚架，盖上塑料薄膜，白天揭去。播后池水保持 5～7 厘米深。

二、定植

5 月中旬以后，当秧苗有 4～6 片绿叶、叶片直径长达 25～30 厘米时起苗定植。每 5 千克种子的秧苗可定植 5000～7000 米^2 水面。定植密度因定植期、品种和水面状况而异，一般在 5 月下旬定植，早熟品种栽 2250～2700 株/公顷，晚熟品种栽 1800～2100 株/公顷。浅塘、洼地和水田定植前，可先划好定植点，人下水用脚开深约 20 厘米、宽 20～40 厘米的定植穴，待泥水澄清后即可定植。定植前将芡苗挖起，倒放在木盆中。定植时两个人操作，一人包裹基肥，即在心叶以下根部每株包 0.5 千克左右的泥肥，另一人栽苗。定植深度以没根和地下茎高为度，不能埋没心叶。深水池塘、湖泊定植前，应先除去水底青苔和水生杂草，定植时可先用绳定好行距，芡苗根部用肥泥包裹，依次丢入水中，操作时用小船。如水位较浅，也可人下水开穴定植。定植后及时检查苗情，发现缺株，立即补栽。一般定植后 7～10 天芡苗开始返青。

三、田间管理

5 月中旬定植到 7 月下旬封行前，芡苗尚小，四周杂草容易滋生，需耘田除草 3～4 次。除草时，将穴边泥土推盖在根系上，进行培泥壅根，以保证植株生长时能吸收到土中养分。池塘、湖泊定植时，水深以 30～40 厘米为宜；活棵后逐渐加深到 50～90 厘米。洼地水田定植至返青期，水深可保持在 10～15 厘米；返青后，气温较高，植株开始迅速生长，应加深水层到 30～50 厘米；8月中旬以后，气温逐渐下降，水层宜放浅到18～20厘米。施肥以基肥为主，洼地、水田可在整地时施农家肥37～45吨/公顷、过磷酸钙450～750千克/公顷。追肥多少应以植株生长状况来定。如叶片大而厚，颜色深绿，有光泽，叶面突起如水泡状，表示土中肥料充足；如叶片薄而黄，新叶皱褶密不展开，为缺肥。一般在秧苗返青后和封行前各追一次肥。追肥方法：在未展开的新叶附近塞一团肥球，肥球是用泥土和肥料沤制而成。每100千克细土加25千克腐熟粪肥、10千克尿素、10千克过磷酸钙、5千克氯化钾。每次每株施肥量2～3千克。封行后应停止追肥。开花结实期可在晴天傍晚叶面喷施2～3次0.2%磷酸二氢钾溶液，以提高芡实籽粒产量和质量。芡实施有机肥量不宜过多，以免植株贪青徒长，导致花而不实或瘪籽过多。7～8月，水温高于35℃以上时，应在清晨泼凉水于叶面，以降低叶面温度，促进开花结实。

四、病虫害防治

常见的病害有叶斑病和叶瘤病。叶斑病多发生在7～9月，发病初期叶边有许多褐色圆形病斑，易腐烂穿孔，严重时可使整张叶腐烂。实行轮作，不单施氮肥，还可在发病初期10～15天内，连续2～3次叶面喷施70%甲基托布津可湿性粉剂800～1000倍液或50%多菌灵可湿性粉剂400～500倍液。叶瘤病多发生在7～8月，刚发病时，叶面出现淡绿色黄斑，后隆起肿大呈瘤状。发病初期10～15天内连续2～3次叶面喷施70%甲基托布津800～1000倍液和0.2%磷酸二氢钾液。虫害主要有斜纹夜蛾、蚜虫等，可用40%氧化乐果1500～2000倍液喷洒防治。

五、采收、留种与贮藏

栽培种果梗、果实和叶柄均无刺，便于分期采收，一般每隔1周采收1次，共8～10次。刺芡全身是刺，采收困难，一般只需2～4次，采收时间多为9月上旬至10月中旬。早期水面下果实成熟的水面上特征是心叶收缩，新叶生长缓慢，叶表面光滑，出现双花。采收时先用竹刀划出一条走道，穿长袖衣裤下水，用手在水中摸，如手捏果梗发软，果实柔软饱满，则表示果实内种子已成熟，即可将果实从水中拉出，竹刀向上，凿开果实基部，取出果实，保留果梗，以免由果梗通气孔进水，引起短缩茎腐烂。早熟品种，采收期为8月下旬至10月上旬；晚熟品种为9月上旬至10月下旬。如判断果实成熟有种，可在9月上旬至10月下旬，在果实顶部剥出一粒种子进行检查。留种的果实多在第3～4次采收时，选充分成熟、大小适中的柿形果实，剥开果皮，取出种子，除去假种皮后进行粒选。淘汰畸形和未充分成熟的种子，留籽粒饱满、颜色较深的种子，洗净放蒲包内，一般5千克为1包，埋入水底，也可埋入水田淤泥下30～40厘米深处，严防贮藏期干燥或受冻，或温度超过15℃时种子发芽。

第六节　莲藕栽培技术

莲藕，又名“玉节”，睡莲科植物，又称“荷”。多年生水生草本。根茎最初细瘦如指，称为密（莲鞭）。密上有节，节再生密。节向下生须根，向上抽叶和花梗，夏秋生长末期，莲鞭先端数节入土后膨大成藕，可供翌春萌生新株之用。夏季开花，叫“荷花”，淡红色或白色，大型，单瓣或重瓣。花谢后花托膨大，形成莲蓬，内生多数坚果，叫“莲子”。性喜温暖湿润。

原产于亚洲南部。在我国供食用已有3000年历史，不仅在华南、西南各省有栽培，而且踪迹遍及全国。由于莲的地下茎深入水下泥中，可避免外界低温影响，因此，在我国最北的省份（如黑龙江省）有水的地方，也有莲的存在。世界上将莲作为蔬菜来栽培的国家主要有中国、日本、印度、埃及和前苏联南部地区。欧美一些国家则作为观赏作物来栽培。以观赏花为目的的品种称为花莲；以采收莲子为主的品种则称为籽莲；以采收地下茎为主的莲则称为藕莲。藕莲按其淀粉及全糖的含量、食用目的不同，可分为果藕、菜藕和加工藕。按种植水面深浅可以分为田藕（浅水藕）和塘藕（深水藕）两种。

一般在每年的清明、立夏间种植，栽种距离1米×2.5米，每亩200穴左右。栽前施以草、绿肥、猪灰为主的基肥，每亩50～

60 担。

一、莲藕生物学特性

1. 茎

供食用的部分称为藕，是莲藕的变态茎。茎先端为喙状物，是由鳞片包住的，由顶芽、幼叶和侧芽组成，称为藕苫；嫩叶向上延伸，浮出水面，展开为荷叶，顶芽及副芽在泥中横向生长，称莲鞭。有的节位上还有分化出来的花芽。莲鞭长到 6～10 余节后，随着荷叶的增加，所制造的碳水化合物相应增多，加上来自根部吸收来的营养物质均流向顶端，顶端各节便膨大成为新藕。藕一般 3～5 节，也有 7～8 节，先端一节称为藕头，中间几节称为主藕，尾端一节称为藕梢。一般藕梢品质较次，早熟藕如延迟收获，藕梢常有干缩现象。主藕的侧芽可长子藕，子藕的侧芽还可膨大成为孙藕。茎中有许多通气孔，与根、叶、花相连，形成一个通气系统，这也是水生蔬菜的结构特点。藕在折断时有许多丝状物相连，这是带状螺旋导管及管胞的次生壁抽长而成的，这些并行排列由带状旋体构成的组织，在叶柄和花柄上也有，但在藕及莲鞭上最长，相连不断，故称“藕断丝连”。

2. 叶

莲藕的叶称为荷叶，从种藕抽出的初生叶，浮在水面上，称之为浮叶。后面的叶伸出水面，称为立叶。立叶随后一片片增高增大，故有人称之为上升梯叶。莲鞭与开始膨大成藕节上的叶，称之为后栋叶。再向前骑在新藕一片较小的柔软且刺毛较少的叶子，称为终止叶，这是莲藕的最后一片叶子，形态与众不同。故挖藕时，常以后叶与终止叶的方向作为挖藕的标记。叶面上有放射状叶脉 19～23 条，叶中心有一灰色小区，称为叶脐或莲鼻，既可通气，多余水分还可以从此排出体外。叶面表皮细胞上有细微的突起，可阻止水分停留在叶表面上，水滴又由于表面张力而形成球状，随风滚动，十分好看。荷叶既是制造营养的器官，又起着交换气体的作用，因此与藕的生长发育关系很大。保护好荷叶，是夺取莲藕高产的关键。如在生长盛期，荷叶遇大风吹坏过多，就会造成藕的大量减产。

3. 根

莲藕地下茎各节均发生不定根，从表土 20～30 厘米的土层中吸收营养。从种藕到长出莲鞭 1～2 节的这段时间根群较短而细弱。出现了立叶之后，其以后各节以上的根群就较长而粗。根群对莲藕营养的吸收和植株的固定起着重要的作用。如果根系不断地被移动或被踏伤，藕的生长和形状都要受到影响。

4. 花、果实、种子

莲藕的花称为荷花，是由茎端花芽伸长发育而成。荷花的发生，因品种而异，有的品种花多，有的花少，甚至有的基本无花，但花的多少也受环境条件影响。花单生，花萼与瓣外形相仿，总称花被。在花莲中，按花瓣多少，分单瓣、复瓣与重瓣，花色有红、白、黄、绿及洒金等，一般多白色、单瓣，也有的为粉红或红色，在花被内有多数雄蕊和雌蕊，各心皮分离散生，陷入平顶倒锥状的肉质花托内。雌蕊受精后，当果实已相当膨大而子房壁尚为绿色、未硬化时，可作水果吃，称为“莲蓬”。老熟后子房壁变为黑色硬壳，其内白色的莲肉，在植物学上称为“子叶”，是颇具营养价值的食品。莲子中绿色的莲心在植物学上称为胚芽，其也是一种中药材。莲子为果实与种子的总称。其果皮极坚硬，表皮下面是坚固而致密的栅栏组织，其内是一层厚壁组织。气孔通过栅栏组织形成一条气孔道。每千克莲子有 600～1000 粒。

二、主要品种及特性

本书仅介绍藕莲的主要品种：

1. 地方品种

中国莲藕资源丰富，不能一一列举，现仅选各地栽培面积较大或品质特优的品种予以介绍。

（1）海南洲　广东地方主栽品种。叶柄高 150～200 厘米，叶片圆形，叶径 65～70 厘米，深绿色。主藕 90～100 厘米，具 3～5 节，节间肥短，藕筒短圆。150～160 天可收获，肉质较嫩，每亩产 750～1000 千克。

（2）贵县藕　广东著名地方品种，加工的藕粉远销海外。主藕肥大，节段长 15 厘米、粗 7 厘米，单株 2.5～3 千克，子藕 3～5

条，表皮黄白色，节间略偏圆。花白色，瓣尖粉红。生长期200天以上。

（3）慢荷　江苏地方良种。花白色。主藕长80～120厘米，3～4节，圆筒形，形状均匀，表皮黄白色，单支重2～3千克，熟食细嫩。

（4）白荡海藕　浙江杭州地方品种，为深水藕。花白色，花瓣边缘红色。藕白色，顶芽红色，主藕一般3节，节间长30～40厘米，粗10厘米，单支重5千克。藕肉洁白，肉厚，质脆，水分多，富甜味，宜生食。

（5）湖南泡子　原为湖南地方良种，现在武汉市栽培面积亦大。叶柄长150厘米。花白色，主藕5～6节，单藕4千克左右，子藕3～4支。生长期为160天左右，适应性广。可炒食，不耐贮存。

（6）巴河藕　为湖北地方良种。叶柄长150厘米左右，叶径80～92厘米，花白色。藕长筒形，藕皮色微黄，主藕4～5节。生长期为160天。

（7）大卧龙　为山东地方良种。入泥深，花白色。主藕长90厘米，有5～6节，子藕3～4支，长圆筒形，表皮黄白色。

（8）半边风　为湖北省农家品种。入泥较浅，花白色。主藕长62～83厘米，有4节，子藕3支，着生在主藕一边。藕横径5.6厘米，近圆形，皮黄褐色，肉黄白色，单支重约1.5千克，中熟，耐贮藏。

2. 改良品种

各地均选育出了一些品种，现将四个湖北审定的品种介绍如下：

（1）鄂莲一号　叶柄长130厘米，叶椭圆形，叶径60厘米。入泥深15～20厘米。主藕6～7节，长130厘米，横径6.5厘米，单支重5千克左右，皮色淡黄。7月上中旬可收青荷藕，亩产1000千克；9～10月可收老熟藕2500～3000千克，宜炒食。

（2）鄂莲二号　叶柄长180厘米，叶近圆形，叶平展如盘形，叶面多皱褶，白花。主藕5节，长120厘米，横径7厘米，单支重4～5千克，入泥深30厘米。每亩产2200～2500千克。皮白，煨汤特佳，汤白藕粉。

（3）鄂莲三号　藕呈短筒形，主节 5～6 节，节间长度均匀，表皮浅黄白色，藕长 12 厘米，横径 7 厘米左右。子藕肥大，入泥深 20 厘米左右，单支重 3 千克以上。叶柄长 140 厘米左右，花白色。7 月中旬可收青荷藕，9 月收老熟藕，每亩产 2500 千克以上，适宜炒食及生食。

（4）鄂莲四号　株高 160 厘米，叶椭圆形。花白色带红尖，花较多。主藕 5～7 节，长 120～150 厘米，单支重 6～7 千克以上，入泥深 25 厘米，皮白色，横断面椭圆形，横径 7～8 厘米，梢节段粗大。生食及煨汤均甜。7 月中旬收青荷藕，10 月收老熟藕，每亩产 3500 千克以上，比一般品种增产 50％。

三、营养价值及药用价值

藕的营养丰富，用途广泛，经济价值高。每 500 克藕含蛋白质 4.3 克、脂肪 0.4 克、碳水化合物 86 克、热量 125 千卡、钙 82 毫克、铁 2.2 毫克，还含有维生素 B、维生素 C 和无机盐类等营养物质。藕作鲜食，为著名时令蔬菜，也可制藕粉；莲子为滋补食品。藕节、莲子、荷叶皆可入药。

鲜藕经过蒸煮之后，颜色由白变紫，性能由凉转温，已无清热化瘀的功能，而有补脾养胃的功效，主要用于脾胃虚弱病人，肺痨病人兼有脾虚的，也宜食用。藕节，有收敛作用，主要用于治疗各种出血病症。

四、莲藕栽培技术

以适宜栽培水深为依据，将莲藕分为两类：一类是浅水藕，指栽培适宜水深为 5～50 厘米的品种；另一类是深水藕，指栽培适宜水深为 50～100 厘米的品种。此外，还可根据熟性分为早熟类型、中熟类型、晚熟类型等等。

1. 浅水藕种植技术

（1）选择优良种藕　浅水藕应选择适合浅水栽培的优良品种作种藕，如台莲早熟藕、台莲晚熟藕等。种藕最好是有 4～6 节以上，子藕、孙藕齐全的全藕。要求种藕粗壮、芽旺，无病虫害，无损伤。

（2）选择肥沃的黏壤土田块　莲藕的产品器官是在地下泥土中形成的，因此，种植浅水藕的藕田以能保蓄水分、富含有机质、淤泥层深厚、肥沃的黏壤土最适宜。

（3）合理密植　莲藕种植密度与熟期、产量有密切关系，适当密植，有早熟增产作用。一般早熟品种密度为：行距 2 米，穴距 0.7 米。晚熟品种应适当稀植，其密度为：行距 2～2.5 米，穴距 1 米左右。

（4）基肥与追肥并重　莲藕的生长期长，需肥多，浅水藕施肥总的原则是基肥与追肥并重，一般每亩施人畜粪肥或厩肥 1500～2500 千克作基肥。早熟藕一般每亩追施人粪尿肥 1500～2000 千克。分三次追肥，重点在结藕初期。

（5）科学调控水位　浅水藕水层管理总的原则是前浅、中深、后浅。萌芽生长期水层宜浅，以 4～7 厘米为好，茎叶旺盛生长期水层要深一些，以 12～15 厘米为好。结藕期水层宜浅，以 4～7 厘米为好。

（6）勤转藕梢，及时除草　在莲藕茎叶旺盛生长期，藕鞭生长迅速，当卷叶离田边 1 米左右时，为防止藕梢穿越田埂，每隔 25 天将近田埂的藕梢向田内拔转。藕梢很嫩，应将泥土与藕梢一起拔转，防止折断藕鞭，拔转后再将泥土压好。转藕梢时以在中午进行为好。浅水藕生长前期，杂草较多，对莲藕的生长影响大，应及时除草，以人工除草和化学除草相结合为好。

（7）适时采收　在终止叶出现后，终止叶的叶背呈微红色、基部立叶的边缘开始枯黄时，藕已充分成熟，即可挖藕上市。

2. 深水藕种植技术

（1）选择优良品种和种藕　深水藕应选择适宜深水栽培的优良品种，如台莲藕等。选择具有本品种优良特征，后把节较粗的整藕或较大的子藕作种藕。种藕必须新鲜、粗壮、完整无缺，至少有 4 节以上充分成熟的藕身，顶芽完整。

（2）选择适宜的水面　深水藕应选择浅湖、河湾、水流平缓、涨落平稳，水下淤泥层厚达 20 厘米以上的水面。夏季汛期最大水位不超过 120 厘米。

(3) 适当整地，合理施基肥　深水藕栽植前如条件允许，应带水耕耙。如果水位较深，不便耕耙，可用大铲将田土适当整平。每亩施堆厩肥1500～2000千克或绿肥鲜草2500千克作基肥，基肥应耕耙入土。深水田易缺磷，最好每亩施过磷酸钙20～30千克，促进壮苗早发。

(4) 适时栽植　因水位较深，土壤温度回升缓慢，种植期要比浅水藕推迟10～15天。

(5) 固体追肥　深水中肥料易流失，不宜施液体肥料。追肥时应将厩肥或青草埋入泥中，如用化肥作追肥，应将化肥与河泥充分混合，做成泥团，施入藕田。

(6) 防涝防风浪　深水藕水位不易调节。在汛期到来时，如果立叶被淹没，应在24小时内紧急排水，使荷叶露出水面，以防淹死。深水藕易受风浪影响，特别是结藕期受台风袭击，常造成严重减产。因此，可在藕田四周种几行茭白，可防风浪和风害。

(7) 适时采收　深水藕多为晚熟品种，不采收嫩藕，在立叶全部发黄时，即可挖藕上市。收获嫩藕时，首先要确定藕的生长位置与方向。藕的方位在后把叶和终止叶直线的前方。后把叶是终止叶前面的一片叶子，也是下降阶梯的最大、最后的一片叶子。终止叶俗称“花吊”，其特点是叶片卷而不开展，叶背微红色，叶柄刺少，叶中心长叶柄处的叶蒂头特别红。有时因地下莲鞭纵横交错，找不到后把叶和终止叶连成的直线时，可把这两片荷叶摘除，把一根叶柄浸入水中，用嘴对另一根叶柄通气孔吹气，如果浸入水中的叶柄有气泡冒出来，说明这两片叶是相通的，生长在同一根地下茎上，它们的下面就是藕的位置。

第七节　菱角栽培技术

据近几年种植菱角的实践，要获得高产，必须抓住以下几项技术措施：

一、选用合适品种

选择优良品种是高产的基础，也是争季节、早占领市场、提高经济效益的关键。如以生食为主，可选菱角大的早、中熟品种（两角菱），分期分批投放市场。以高产为主，可种植熟期晚的乌菱品种。同时，因菱角种性易退化，必须注意选择菱形饱满、充实度高、果皮充分硬化、无病虫害的菱角留种。

二、适时种植，合理密植

本地放养菱角的适宜时间，一般在清明前后，水温稳定在12℃以上时进行，方式可分为直播和育苗移栽两种。直播适宜于水深2～3米、底土较肥沃的河塘，当菱角胚芽长出1～2厘米时，将菱种均匀撒在水中。播前要注意清除河塘中的水草、青苔和野菱，亩用种量一般为10千克，肥力差的河塘可适当增加用种量。对水面大、水较深的河塘，可采用育苗移栽方式。选择底土肥沃、水较浅的河塘，播前放干水晒硬表土，施足农家肥作基肥；种后放浅水，以后随苗龄的增加逐渐加深水层，亩用种量在60千克左右，可移栽水面5～6亩。苗龄60天左右，有10片顶叶，菱盘15厘米，具有2～3个分枝时放养，放养时用草绳10株扎成一束，逐步插入水底。菱角长出水面后如密度过高，可采取人工疏密匀苗，防止菱头早封水面而开盘小，影响产量。

三、加强菱塘管理

1. 施足基肥

菱角作为水生蔬菜，需肥规律与旱生作物有所不同，需肥量较集中。种前可亩施猪粪或腐熟泥粪2000千克；当菱角发芽后，可亩施5千克尿素作速效肥；开花后分2～3次结合防病治虫用强力增产素2～3包或用2%磷酸二氢钾进行叶面喷施，以防早衰。

2. 病虫防治及除草

菱角常见的虫害有蚜虫、叶蝉等。在危害初期，可用90%晶体敌百虫800倍液或敌杀死5～6支兑水50千克进行小机喷雾，每隔10天喷1次，严格禁止使用甲胺磷等剧毒农药，以减少残毒，防止菱角畸形或空壳。菱角的常见病害主要是菱瘟，致使叶片腐烂，可在发病初期用5%井冈霉素400克加多菌灵200克兑水50千克小机喷雾。生育期内防病治虫3～4次。在放养菱角的池塘内，水生杂草种类较多，有深水鱼莲草、浅水细绿萍、板萍草、蜈蚣草、苔藓草等，必须及时进行人工清除，否则会影响菱角的光合作用。一般在菱角投放后，每 10 天清除一次杂草，直到菱角封满水面。

四、及时采摘

采收原则必须以市场为导向、提高经济效益为中心，根据品种成熟期和用途不同分期采摘。菱角在开花后 20～30 天开始成熟。局地早熟品种熟期在 8 月 15～20 日，晚熟品种在 9 月底至 10 月初。如作蔬菜或生吃，在萼片脱落、果皮还未充分硬化时采收最佳。如作熟吃、加工或留种，必须在充分成熟时采摘。早熟品种每 5 天采摘一次，晚熟品种 7 天采摘一次，整个采收期分 6～7 次。采收时注意轻提菱盘，轻摘菱角，采后放平，以免损伤。如要留种的菱角，采后要及时在水中清洗，除去上浮的嫩菱角，以后每隔 10～15 天更换一次清水，以保证来年菱角的发芽率。

第七章

特种野生类蔬菜栽培技术

第一节 菊花脑栽培技术

菊花脑为菊科、菊属草本野菊花的近缘植物，有小叶菊花脑和大叶菊花脑两种，以大叶者品质为佳。菊花脑是民间餐桌上最常见的菜肴，尤其是菊花脑鸡蛋汤是夏日防暑清火的佳品。菊花脑不仅营养丰富，且有清热解毒、调中开胃、降血压之功效，是一种很有开发前景的野生蔬菜。

一、特征特性

菊花脑茎秆纤细，半木质化，直立或半匍匐生长，分枝性极强，无毛或近上部有细毛。叶片互生，长卵形，叶面绿色，叶缘具粗大的复锯齿或二回羽状深裂，叶基稍收缩成叶柄，具窄翼，绿色或带紫色。叶腋处秋季抽生侧枝。10～12 月开花结籽，头状花序着生于枝顶，花小、黄色；瘦果，种子小，灰褐色，千粒重仅 0.16 克。菊花脑耐寒耐热，地下部宿根能安全越冬，耐贫瘠和干旱，忌涝，强光照有利于其茎叶生长，短日照有利于其花芽形成和抽薹开花。

二、栽培技术

菊花脑容易栽培。零星种植可采用分株繁殖，成片种植则采用直播或育苗移栽，也可进行多年栽培。采取多年生栽培的，3～4 年后植株衰老，需要更新。

1. 选地整地

以选用肥沃的沙壤土为好。播种前或移栽前，施足基肥，精细整地，做成宽 1.2～1.5 米、高约 20～30 厘米的畦。

2. 繁殖方法

菊花脑可用种子繁殖、分株繁殖和扦插繁殖。据笔者多年来的经验，以扦插繁殖为好，其方法是：在 5～6 月份，选取长约 5～6 厘米的嫩梢，摘去茎部 2～3 叶，把嫩梢扦插于苗床，深度为嫩梢长度的 1/2。插后保持土壤湿润，并用遮阳网遮阴，半个月左右成活。栽种密度为 30 厘米×30 厘米或者根据情况调整株行距。

3. 田间管理

首先要施足基肥，勤施“长脑肥”。每亩施腐熟有机肥 2500 千克左右。定植时结合浇定根水施一次稀薄人畜粪，每亩约 1500 千克，以利成活。每采收一次结合浇水追肥一次，每亩每次追施腐熟人畜粪 2000 千克左右。如果实行多年生栽培，在地上部茎叶完全干枯后，于霜冻前割去茎秆，重施一次过冬肥，培土 5 厘米左右，有利于安全越冬和早春萌发。做好中耕除草。注意病虫害防治，菊花脑很少发生病虫害，多年生菊花脑主要应防治蚜虫，其方法是定期进行叶面喷水。

4. 采收和留种

保护地栽培可提早在 3 月份采收，露地栽培一般在 4～5 月份开始采收。采收盛期为 5～8 月份，每隔半个月采收 1 次，直到 10～11 月份现蕾开花为止。采收次数越多，分枝越旺盛，勤采摘还可避免蚜虫危害。采收标准以茎梢嫩、用手折即断为度，扎成小捆上市。连片种植每亩一次可收获 150～200 千克，年产 4500～5000 千克。采收初期用手摘或用剪刀剪下，后期植株长大，可用镰刀割取。采摘时，注意留茬高度，以保持足够的芽数，有利于保持后期高产，春季留茬 3～5 厘米，秋冬季留茬 6～10 厘米，春夏季可采 4～5 次，秋冬季可采 3～4 次。

留种用的菊花脑植株，夏季过后不要采收，任其自然生长，并适当追施磷肥和钾肥，以利开花结籽。12 月种子成熟后，剪下花头，晾干，搓出种子，一般每亩产种子 5～6 千克。采种后的老茬留在田里，翌年 3 月又可采收嫩梢上市。

第二节　马齿苋栽培技术

马齿苋又名长命草、酸米菜、瓜子菜，是一种一年生野生蔬菜。其口味微酸、性寒、滑爽，有清热解毒、凉血滑肠、健胃消积之功效，对预防心血管疾病和治疗热毒痢疾有很好的效果。马齿苋分布极广，常野生于田埂、沟边、路旁和各种旱地，近年来随着人们消费的增加，已开始转入人工栽培。

一、栽培条件

马齿苋性喜高温、高湿，耐旱、耐涝，具向阳性，适宜在各种田地和坡地栽培，以中性和弱酸性土壤较好。其发芽温度为18℃，最适生长温度为20～30℃。当温度超过20℃时，可分期播种，陆续上市。保护地栽培可进行周年生产。

二、繁殖方法

马齿苋的繁殖方法有种子繁殖和扦插繁殖两种：

（1）种子繁殖　马齿苋目前尚无人工培育栽培品种，因此，进行种子繁殖所用种子都是上一年从野外采集或栽培时留的种。其种子籽粒极小，整地一定要精细，播后保持土壤湿润，7～10天即可出苗。

（2）扦插繁殖　扦插枝条从当年播种苗或野生苗上采集，从发枝多、长势旺的强壮植株上采集为好，每段要留有3～5个节。扦插前精细整土，结合整地施入足量充分腐熟的农家肥。扦插密度（株行距）3厘米×5厘米，插穗入土深度3厘米左右，插后保持一定的湿度和适当的荫蔽，1周即可成活。

三、大田栽培管理

播种或扦插后15～20天即可移入大田栽培，栽培面积较小时也可直接扦插到大田。移栽前将田土翻耕，结合整地每亩施入1500千克充分腐熟的人畜粪或15～20千克三元复合肥，然后按1.2米宽开厢，按株行距12厘米×20厘米定植，栽后浇透定根水。

为保证成活率，移栽最好选阴天进行，如晴天移栽，栽后2天内应采取遮阴措施，并于每天傍晚浇水一次。移栽时按要求施足底肥后，前期可不追肥，以后每采收1～2次追一次稀薄人畜粪水，形成的花蕾要及时摘除，以促进营养枝的抽生。干旱时适当浇水抗旱。马齿苋整个生育期间病虫害极少，一般不需喷药。

四、商品菜的采收

马齿苋商品菜采收标准为开花前10～15厘米长的嫩枝。如采收过迟，不仅嫩枝变老，食用价值差，而且影响下一次分枝的抽生和全年产量。采收一次后隔15～20天又可采收。如此可一直延续到10月中下旬。生产上一般采用分期分批轮流采收。

五、留种与采种

马齿苋留种的地块一开始就应从生产商品菜的地块中划出，栽培管理措施与商品菜生产相同，所不同的是留种的地块不采收商品菜，任其自然发枝、开花、结籽。开花后25～30天，蒴果（种壳）呈黄色时，种子便已成熟，应及时采收，否则便会散落在地。此外，还可在生产商品菜的大田中有间隔地选留部分植株，任其自然开花结籽后散落在地。第2年春季待其自然萌发幼苗后再移密补稀进行生产。

第三节　番杏栽培技术

一、种子准备

如番杏种子充足，可考虑密播或密植，然后间拔采收，可提高前期产量。番杏可直播，也可育苗移栽，如番杏种子不足，最好育苗移栽。直播需备种子2～2.5千克。育苗需种采用穴盘或营养体育苗，减少伤根，需备种1.5千克。育苗可节省种子，又能提前播种。番杏定植虽缓苗慢，但成活率很高。

二、整地、施肥、做畦

因番杏生长期长，应施足基肥，每亩5000千克有机肥。做畦时应考虑土壤的特性和番杏喜湿怕涝的特点，浇水要方便，排水也要好。如有喷灌设施，可考虑用平高畦，这样灌排水均可得到较好的解决。

三、播种、定植期

露地直播可从 4～5 月随时播种，但提早播种更能发挥效益，育苗可在 3 月中旬，4 月中下旬定植。

四、栽培密度

4 尺畦两行定苗，株距 30 厘米，5 尺畦 3 行栽培，株距 40 厘米，每亩定苗 3000～4000 株。

五、田间管理

（1）水分　番杏果皮较硬，出苗慢，春季干旱时注意浇水。育苗移栽时，因番杏根系再生力弱，缓苗很慢（看上去好像死了），因此也要及时补水，促进缓苗。播种定植晚，光照强，干旱时要及时浇水，以防诱发病毒病。植株加速生长要保持土壤湿润，植株生长茂盛，枝叶密集，注意不要过湿，应见干见湿，过于湿润易腐烂，夏季注意防涝。

（2）肥料　在施足基肥的条件下，田间管理主要追施化肥为主。苗期少施，旺盛生长时可视情况追施化肥。

（3）整枝　番杏本是粗放栽培作物，但经人工栽培，因肥水条件好，生长更加旺盛。因其生长旺盛，匍匐蔓稀而匍匐，密而直立，很快占满田间。如采收不及时，会使生长过密，侵占采收畦埂，使内部通风不良。脚踩茎蔓易造成伤口，通风差而造成腐烂，因而可考虑把匍匐蔓长到畦埂上面的茎蔓剪掉，或稀疏畦间茎蔓，以利通风，避免踩伤。

六、采收

植株缓苗后，进入旺盛生长，当株高 20 厘米时，就可采收嫩尖，侧枝 10～15 天就会生长出来。露地栽培，番杏的老叶子特别粗糙，没有滑嫩的感觉，因此采收时要特别注意。保护地栽培因光照弱，品质较嫩，收获嫩茎尖可长一些。因番杏叶片很厚，生长又快，采收期又长，故而番杏是高产蔬菜，露地栽培可采收 5 个月，产量在 3000～5000 千克。

第四节　土人参栽培技术

土人参别名玉参、高厘草，喜生于村旁、山坡等地，是一种多年生观赏兼药用的直立草本植物。其植株高可达 40 厘米，茎少分枝，叶互生，卵形肉质，长 7～10 厘米，宽 3～4 厘米，基部楔形，肉质根，形似人参，所以称之为土人参。

一、营养功效

土人参有润肺、益气、健脾功效，对疾多久咳、劳伤等有一定疗效。土人参又是餐桌上一道营养丰富、味道极鲜的野菜。

二、栽培要点

土人参适应性广，耐粗放栽培，很适合农家种植。其栽培技术要点如下：

1. 整地

种植土人参与种植普通蔬菜一样，首先应整地起畦，畦宽 1 米为宜，长度依地形而定。土人参种子细小，因而育苗床应把土块尽量打碎整平，以利种子萌发和幼苗生长。

2. 栽培时间

结合当地气候特点，温度在 15℃以上至秋季均可种植。

3. 播种育苗

土人参在播种前先将种子放在太阳下晒 3～4 小时，然后用 40℃左右的温水浸 3～4 小时，捞起与极细的泥土或细沙拌均匀，直接撒播在育苗床上，然后在种子上盖一层 0.5～1 厘米厚的沙土即可。

4. 移植

当土人参长出 5～6 片叶子时，即可移植到已整好并施足基肥的土畔上定植，株行距 10 厘米×15 厘米，定植后注意保湿。

5. 田间管理

幼苗定植成活后即施一次腐熟的5%人粪尿，保持土壤湿润，以后每隔7～10天追施肥水一次。当植株长至12～18厘米时，即可在离地2～3片叶处整株采下供食用。

采摘过后的植株施足肥水，土人参又会不断分生嫩薹被，可不断采收，直至秋季，随后宿根越冬。

第二年春天温度在15℃以上时又开始萌发，此时即可移植栽培。

第五节　荠菜栽培技术

一、荠菜特性

十字花科中一或二年生草本植物。根白色。茎直立，单一或基部分枝。基生叶丛生，挨地，莲座状，叶羽状分裂，不整齐，顶片特大，叶片有毛，叶耙有翼。茎生叶狭披针形或披针形，基部箭形，抱茎，边缘有缺刻或锯齿。开花时茎高20～50厘米，总状花序顶生和腋生。花小，白色，两性。萼片4个，长圆形，十字花冠。短角果扁平，呈倒三角形，含多数种子。

荠菜属耐寒性蔬菜，要求冷凉和晴朗的气候。种子发芽适温为20～25℃。生长发育适温为12～20℃，气温低于10℃、高于22℃则生长缓慢，生长周期延长，品质较差。荠菜的耐寒性较强，－5℃时植株不受损害，可忍受－7.5℃的短期低温。在2～5℃的低温条件下，荠菜10～20天通过春化阶段即抽薹开花。

二、荠菜主要品种

目前生产上主要有下述两个品种：

（1）板叶荠菜　又叫大叶荠菜，上海市地方品种。植株塌地生长，开展度18厘米。叶片浅绿色，大而厚，叶长10厘米，宽2.5厘米，有18片叶左右。叶缘羽状浅裂，近于全缘，叶面平滑，稍具绒毛，遇低温后叶色转深。该品种抗寒和耐热力均较强，早熟，生长快，播后40天即可收获，产量较高，外观商品性好，风味鲜美。其缺点是香气不够浓郁，冬性弱，抽薹较早，不宜春播，一般用于秋季栽培。

（2）散叶荠菜　又叫百脚荠菜、慢荠菜、花叶荠菜、小叶荠菜、碎叶荠菜、碎叶头等。植株塌地生长，开展度18厘米。叶片绿色，羽状全裂，叶缘缺刻深，长10厘米，叶窄较短小，有20片叶左右，绿色，叶缘羽状深裂，叶面平滑绒毛多，遇低温后叶色转深，带紫色。该品种抗寒力中等，耐热力强，冬性强，比板叶荠菜迟10～15天。香气浓郁，味极鲜美，适于春季栽培。

三、荠菜栽培技术

1. 栽培季节

长江流域荠菜可进行春、夏、秋三季栽培。春季栽培在2月下旬至4月下旬播种；夏季栽培在7月上旬至8月下旬播种；秋季栽培在9月上旬至10月上旬播种。

华北地区可进行二季栽培，春季栽培在3月上旬至4月下旬播种；秋季栽培从7月上旬至9月中旬。

利用塑料大棚或日光温室栽培，可于10月上旬至翌年2月上旬随时播种。

2. 选地整地

华北地区由于荠菜的市场需要量不大，故少用大面积连片地块种植。一般用田埂、地头地边；大棚、温室的东西两侧或南侧栽培。种荠菜的地要选择肥沃、杂草少的地块，避免连作。播前每公顷施腐熟的有机肥45000千克，浅翻、耙细，做成平畦。

3. 播种

荠菜的种子非常细小，因此整个播种过程都必须小心谨慎。

（1）整地　荠菜播种时对地块的要求非常严格，要选择杂草较少的地块，畦面要整得细、平、软。土粒尽量整细，以防种子漏入深处，不易出苗，畦面宽2米，深沟高畦，以利排灌。

（2）播种方法　荠菜通常撒播，但要力求均匀，播种时可均匀地拌和1～3倍细土。播种后用脚轻轻地踩一遍，使种子与泥土紧密接触，以利种子吸水，提早出苗。早秋播的荠菜如果采用当年采收的新籽，要设法打破种子休眠，通常以低温处理，用泥土层积法或在 2～7℃的低温冰箱中催芽，经 7～9 天，种子开始萌动，即可播种。在夏季播种，可在播前 1～2 天浇湿畦面，为防止高温干旱造成出苗困难，播后用遮阳网覆盖，可以降低土温，保持土壤湿度，防止雷阵雨侵蚀。

（3）播种量　每亩春播需种子 0.75～1 千克，夏播为 2～2.5 千克，秋播为 1～1.5 千克。

荠菜种子有休眠期，当年的新种子不宜利用，因未脱离休眠期，播后不易出苗。

4. 田间管理

在正常气候下，春播的 5～7 天能齐苗，夏秋播种的 3 天能齐苗。出苗前要小水勤浇，保持土壤湿润，以利出苗。出苗后注意适当灌溉，保持湿润为度，勿使干旱，雨季注意排水防涝。雨季如有泥浆溅在菜叶或菜心上时，要在清晨或傍晚将泥浆冲掉，以免影响荠菜的生长。秋播荠菜在冬前应适当控制浇水，防止徒长，以利安全越冬。

春、夏栽培的荠菜，由于生长期短，一般追肥 2 次。第一次在 2 片真叶时；第二次在相隔 15～20 天后。每次每公顷施腐熟的人粪尿液 22500 千克或尿素 150 千克。秋播荠菜的采收期较长，每采收一次应追肥一次，可追肥 4 次，施量同春播荠菜。

荠菜植株较小，易与杂草混生，除草困难。为此，应尽量选择杂草少的地块栽培、在管理中应经常中耕拔草，做到拔早、拔小、拔了，勿待草大压苗，或拔大草伤苗。

5. 采收

春播和夏播的荠菜，生长较快，从播种到采收的时间一般为 30～50 天，采收的次数为 1～2 次。秋播的荠菜，从播种至采收为 30～35 天，以后陆续采收 4～5 次，长江流域可一直延迟到翌春。

采收时，选择具有 10～13 片真叶的大株采收，带根挖出。留下中、小苗继续生长。同时注意先采密集的植株，后采稀的地方，使留下的植株分布均匀。采后及时浇水，以利余株继续生长。每公顷产 37500～45000 千克。

6. 病虫害防治

荠菜的主要病害是霜霉病，夏秋多雨季节，空气潮湿时易发生。发生初期可喷75%百菌清600倍液防治。

荠菜的主要虫害是蚜虫。蚜虫危害后，叶片变成绿黑色，失去食用价值，还易传播病毒病。在发现蚜虫危害时，应及时用40%乐果1500倍液或80%敌敌畏1000倍液喷雾防治。

7. 留种

荠菜留种要建立留种田，留种田要选择高燥、排水良好、肥力适中的地块。长江流域于9月底至10月上旬播种，每公顷播量22.5千克左右。播种出苗后，结合间苗，淘汰病、弱、残苗。翌春进行一次株选，将细弱、劣株和不具该品种特征特性的植株全部拔掉，定苗，保持株行距12厘米×12厘米。定苗后追肥一次，每公顷施腐熟的人粪尿15000千克，或磷、钾化肥150～225千克。注意防治病虫害。

（1）从野生荠菜中采种　野生荠菜类型较多，常见的有：

① 阔叶型荠菜　形如小菠菜，叶片塌地生长，植株开展度可达18～20厘米，叶片基部有深裂缺刻，叶面平滑，叶色较绿，鲜菜产量较高。

② 麻叶（花叶）型荠菜　叶片塌地生长，植株开展度可达15～18厘米，叶片羽状全裂，缺刻深，细碎叶型，绿色，食用香味较好。

③ 紫红叶荠菜　叶片塌地生长，植株开展度15～18厘米，叶片形状介于上述两者之间，不论肥水条件好坏，长在阴坡或阳坡，高地或凹地，叶片叶柄均呈紫红色，叶片上稍有茸毛，适应性强，味佳。

选苗采种方法是，在冬季或早春，可到田野里挑选种苗，将三种类型荠菜分挖、分放，也可根据选种目的，挑选其中一种类型。然后将种苗定植在经过施肥和精细整地的零星熟土菜地上（注意不同类型之间需进行隔离），成活后注意浇水施肥，防治蚜虫，使植株正常开花结荚。在种荚发黄，种子八成熟时收割，以免过熟后“炸荚”使种子散落。将收回的种荚摊于薄膜上晾干搓揉，取出干种子精细保管待用。

（2）选留种　人工栽培荠菜进行选留种，能迅速增加荠菜种子数量，扩大种植面积，而且建立留种田能省却从野生地采种的诸多麻烦。根据上海多年的选留种经验，荠菜选留种应抓好以下关键：

① 精选留种田　一般选择9月下旬至10月初播种的迟播田块作为种子田。选择地势高燥，品种纯度高，生长健壮，无病虫害的荠菜田留种用。

② 坚持遴选标准　当春节来临，在留种田挑收荠菜时，应着眼于选留好种株。例如，在板叶荠菜种子田里，应将符合板叶荠菜特征的健壮植株留下来，将一些非板叶荠菜挑收掉，将长势差而小的、有病虫害的植株挑选上市。使种株的株行距保持15厘米，以利种株间有均匀的生长空间，促使其平衡生长，提高种子产量。因荠菜原属野菜，品种混杂，只有坚持株选，才能有效地提高品种纯度，确保下一熟商品菜优质高产。

③ 做好种子田的管理工作　前期的肥水管理、除草、防虫等措施与商品荠菜田相同。但在2月份去杂劣后，必须及时追施腐熟淡水粪1次，促使种株发好棵，使其根深叶茂，营养生长健壮。在抽薹现蕾后，应增施磷、钾肥，可结合防治虫害，在农药内加入0.3%磷酸二氢钾液喷施。这不仅能增强种株的抗逆能力，而且有利于多结种菜荚并促进籽粒饱满。平时特别要勤查勤防蚜虫。即使至4月20日种株已进入结荚乳熟期，仍应防治蚜虫一次，否则会因蚜虫猖獗而使籽粒不饱满，造成种子歉收。平时亦须做好修沟理沟工作，以防雨水多时造成涝灾。

④ 适时采种，及时脱粒晒干贮藏　荠菜种株的成熟一般在4月底5月初，当种株花已谢，茎微黄，从果荚中搓下种子已发黄时，为九成熟，这时采收最为适时。如过早采收，则种子成熟度不够，产量低，质量差；过迟采收，种子散落造成浪费。一般在晴天的早晨进行采收，中午不要收割，以免果荚裂开，种子散落掉。在收晒过程中，应随时搓下种子，随即薄摊于竹匾中，晒时手不要翻动。第一次脱粒的种子质量最好，以后脱粒的稍次。在正常年份，一般每亩产种子达25～30千克。成熟适度的种子里呈橘红色，色泽鲜艳；成熟过度的种子呈深褐色。在晴天上午收割，割后就地晾晒1小时，将种子搓下，并晾干。切忌曝晒种子，以免降低发芽率。

种子使用期限为2～3年。

第六节 菜用枸杞栽培技术

枸杞是我国特有的一种食、药两用营养保健型蔬菜。其嫩叶、嫩梢作为蔬菜，称为枸杞头。用作蔬菜栽培的品种主要有大叶枸杞和细叶枸杞，一般不开花结实。大叶枸杞叶肉薄，叶面绿色，味淡，性喜冷凉气候，耐寒，从定植到采收需60～70天，可连续采摘4～5个月，亩产量达4000～5000千克。细叶枸杞叶肉厚，叶面绿色，味浓质优，叶腋有硬刺，从定植到采收50～60天，可连续采摘4～5个月，亩产量为3500～4000千克。现将其露地栽培技术介绍如下：

一、扦插定植

选富含腐殖质、肥沃疏松的土壤，以前茬为豆科作物或原有菜地为好。扦插前，施腐熟堆肥及人粪尿作基肥，每亩施1500～2000千克。耕翻整地做畦。华南地区8～9月份进行，长江流域和华北地区可在3月份进行。在种株上选取粗壮枝条，截成长5～20厘米、具有2～3个种芽的段，作为种苗扦插。这些种苗最好选原来枝条的基部或中部，枝条顶端的嫩弱部分不宜采用。种植时斜插，插条腋芽向上入土深3/4，使多节发根。定植株行距15厘米×20厘米，插后浇水，并用稻草覆盖，以保持土壤湿度。扦插后，10～15天开始发生不定根和新芽，20～25天一般便可发生6～7条新根和4～6条新梢。

二、田间管理

枸杞生长期需肥多，且耐肥，插条发生新根、新梢后就要立即薄施追肥，每隔10～12天施1次，用腐熟人粪尿兑水，初期浓度为10%～20%，生长盛期浓度为30%～40%，也可每亩施磷酸铵5千克。以后根据长势每隔7～10天追肥1次。采收期为促使其发嫩尖，每隔30天左右应追肥1次，以氮肥为主，适当追施磷、钾肥。扦插枸杞根系浅，吸收能力弱，平时应注意灌溉，保持土壤湿润，及时中耕除草、培土。平时还应注意修剪，使嫩尖密集在同一水平采摘面上，以便于采摘。

三、病虫防治

在枸杞生长期间，应注意防治白粉病、流胶病和根腐病，可喷0.3～0.5波美度石硫合剂或2%硫酸铜液，每周1次，连续2～3次。对蚜虫、枸杞瘿螨、枸杞叶甲，可用40%乐果1000倍液或50%抗蚜威2000倍液或90%敌百虫800～1000倍液防治。

四、采收和留种

扦插后50～60天开始收获，先采摘生长最旺的枝条，每20～30天采摘1次，可采摘8～10次，留下的嫩枝继续生长，以后分批采摘。到了夏季，枸杞不能继续采摘出售，这时就要注意在原畦留种，即在4月下旬将基部老叶摘去，顶端留少数叶片。干旱时应适时浇水，使植株正常生长。直至秋季种植时，选取老壮枝条作种苗种植；或刈取粗壮的枝条成束堆藏在阴凉、潮湿的土壤中，上面遮盖稻草或树叶，贮至秋季取出种植。原畦留种的，在3月间促进枝条生长健壮，不能采摘或只采摘叶片出售，以后留种期间，停止施肥和灌溉，抑制生长。

第七节 藤三七栽培技术

藤三七，又名洋落葵、川七、藤子三七等，属落葵科、落葵属多年蔓生植物，原产于巴西，在我国云南、四川、湖北等很多地区都有栽培。其最大特点是药食兼用，具营养保健功效。它的叶片、嫩梢、珠芽、根部块茎都能食用，可以说浑身是宝。据报道：藤三七含有丰富的蛋白质、碳水化合物、维生素等营养物质，尤以胡萝卜素含量较高，每100克成长叶片中含蛋白质1.85克、脂肪0.17克、总酸0.10克、粗纤维0.41克、干物质5.2克、还原糖0.44克、维生素C 6.9毫克、铁1.05毫克、钙158.87毫克、锌0.56毫克等。经常食用具有滋补肾脏、壮腰膝、消散瘀、活血、健胃保肝等保健功效，非常适合男性食用，所以被许多人称为“男人菜”。食用方法简单，可涮火锅、炒食、做汤、凉拌等，口感滑润，非常适合普通家庭日常食用。随着人们生活水平的不断提高，保健意识的日益增强，藤三七这种绿色保健蔬菜将会越来越被人们所认知。

一、植物学特征

藤三七根系肥大，定植一年后，在根部生长出大量的茎块。生长期的嫩茎蔓为绿色，老茎蔓变成棕褐色，节上易生出不定根。叶互生，呈心形，长8～15厘米，宽9～16厘米，厚0.2厘米。肉质肥厚光滑、无毛，有短柄；叶腋处可长出块状珠芽，直径2～4厘米；秋天自叶腋处抽生出白绿色穗状花序。外形与白落葵（即绿木耳菜）很相似，与落葵的区别在于藤三七的叶腋均能长出瘤状的绿色珠芽，直径约3～4厘米。夏季自叶腋上方抽生穗状花序，花序长达20厘米，花小，下垂，花冠五瓣，白绿色，花期长达3～6个月。但是不结实，很难获得种子。

二、对环境条件的要求

藤三七适应性广，性喜湿润，耐旱、耐湿，对土壤的适应性较强，根系多分布在10厘米以内的土层。它的生命力旺盛，即使在2个月内不采摘叶片，下部叶片也不黄化，而且叶片越来越大。根块及根系好气性较强，在茎蔓分枝处易生出株芽、不定根，藤三七适合生长的温度为25～30℃。生产实践表明，在水分充足、有遮光的条件下，植株能顺利越夏，选择遮光率为45%左右的荫棚最适合生长。

1. 温度

藤三七喜温暖的气候条件，耐高温高湿，茎叶生长最适宜温度白天为25～30℃，夜间为15℃左右；根系和地下块茎适宜生长的地温为20～22℃。其耐低温能力比落葵（木耳菜）强，能耐短时的0℃低温。

2. 光照

喜光但怕强光，在阴天光照弱时植株生长不健壮，但光照条件太强时，生长速度慢，产品纤维增多，品质差，其光饱和点为3万勒克斯，光补偿点为2000勒克斯。

3. 水分

喜湿润的空气和土壤条件，但有一定的耐旱能力，适宜在浇水条件较好的地块种植。

4. 土壤和营养供应

对土壤的要求不严格，但应选择透气性良好的沙壤土和壤土栽培较为适宜。需肥量较多，以氮、磷、钾肥料配合施用生长健壮，产量高，品质好，若氮肥施用过多，会造成品质差和易感染病虫害。

三、栽培方式

藤三七栽培成活率高，容易管理。具有高抗病虫害的优点，在温室栽培管理得当的情况下，不用施打任何农药，是一种天然绿色保健食品，值得大力推广种植。

藤三七在春、秋、冬三季都可以栽培，保护地、露地均可以种植，以春、秋两季栽培长势最好。藤三七是蔓生蔬菜，以采摘嫩梢和叶片食用。以采摘叶片为主的，最好采用搭架或吊蔓栽培的方法，也可采用爬地栽培的方法。藤三七茎节上易生根，爬地栽培有利于植株吸收土壤的养分，茎叶生长迅速，采收也较方便。但不足的是爬地栽培前期由于植株着地，叶片上容易附着沙土及其他污物，影响叶片的品质，在后期不能中耕，不利于补充有机肥，需要通过整枝、修剪等措施来加强田间管理。以采摘嫩梢为主的，应采取搭架栽培的方法，当苗高 30～40 厘米时及时搭架使其攀缘，同时进行修剪，促使侧芽快速萌发。

四、繁殖方法

藤三七繁殖的方法有两种：茎蔓扦插法和珠芽繁殖法。珠芽繁殖法指于成长植株的叶腋摘取珠芽或茎基部的珠芽团，如用珠芽团则需剥离成单个珠芽，直接种于本圃，或利用育苗盆育苗，约 3 周左右，即成苗。生产中主要采取茎蔓扦插法，这里主要介绍茎蔓扦插的方法：

1. 苗床准备

在温室内准备好苗床，苗床的长度为 5～6 米，宽度为 1.2～

1.5 米，营养土的配方采用 2/3 的食用菌废料和 1/3 的园田土，搅拌均匀，加入适量干鸡粪，撒在苗床上，用耙子耙细整平，营养土厚度一般为 10 厘米左右最为适宜。

2. 扦插

剪取 1 年以上生的藤三七茎蔓枝条，枝长 15 厘米左右，要有 2～3 个节位，以保证发芽率。顺着叶片的生长方向插入土中 4～5 厘米深，保持适当的间隔，便于发根生长，一次浇透水，不需要补浇第二遍水。最好用竹片在苗床的两侧插出拱棚，要用力插深些，使竹片牢固，用塑料布扣棚，周边用土封严，有利于藤三七的成活。

3. 苗期管理

扦插后的日常管理非常重要，在 1～7 天内，白天的温度应控制在 25～30℃，夜间也不能低于 10℃；7 天后白天温度应保持 22～25℃，夜间控制在 6～8℃。扦插后的 3 天内应适当遮光，第 4 天后再逐渐撤去遮阳物，以利于植物正常的成活。7 天后再进行适当的通风炼苗，为以后的定植作好准备。

五、定植

定植前每亩准备藤三七种苗 1500～1800 株，整地按每亩撒施充分腐熟的农家肥 5000 千克进行施肥，不能用化肥，这样才能保证它的药用价值，不受到化学肥料的污染。用铁锹深翻 40 厘米左右，将园田土和农家肥翻匀，使土壤疏松，利于种苗根系的生长发育；耙细整平，采用高畦栽培的方法做出宽 1.2 米左右的畦，先做出畦埂，埂高 0.2 米，宽 0.3 米左右，用双脚踩实，接下来在高畦内做出双垄，垄距 0.45 米左右，深 0.15～0.20 米。在早春或冬季定植时，采用这种方法可以提高地温，促使藤三七正常生长。按株距 0.3 米挖坑栽苗，小水稳苗，将垄上的田土回填入沟内，并扶正种苗，最后培土。采用这种定植方法既提高了地温，同时也为根部块茎的生长创造了必要的条件。

六、藤三七的立体栽培技术

立体栽培是利用温室三侧墙体的立体空间或者通过不同造型设

计进行栽培，不仅有效地利用了温室的富余/立体空间，更主要的是可以提高园区的吸引力，增加更多的额外收入。

普通园区可以在距离温室墙体内侧半米宽的范围内，按每亩施农家肥5000千克左右进行施肥，深翻，使肥料和园田土混合均匀，耙平。用镐在距离墙体0.15米处起垄，在垄的侧面按株距0.3米进行刨坑栽苗，点水稳苗；起垄后接下来的工作是做好引绳，引绳可起到固定种苗的作用，还有利于种苗缠绕向上生长。这种方法能有效利用温室空间，提高经济效益。

观光温室可以通过设计不同的造型（如地球仪、扇面、大象或凉棚等形式），进行立体种植，一方面富有艺术性，提高园区对游人的吸引力；另一方面可以增加藤三七的生长空间，实现“生产、生活、生态”的多重目标。

七、田间管理

1. 水分管理

藤三七长势强，叶片肉厚，生长期间水分蒸发量大。虽然藤三七比较耐干旱，但是为了获得高产优质的产品，需要吸收较多的水分，特别是在高温季节，应及时浇水，宜经常保持土壤湿润。在多雨季节，则应注意排水，防止土壤积水，以免根系受害。

2. 肥料管理

除了栽培时施足底肥外，藤三七生长要求有充足的氮肥和适量的磷钾肥供应。一般每采摘一两次后要穴施一次腐熟细碎的农家肥，每亩用量在300～500千克，也可追施经过高温消毒的膨化鸡粪每亩200千克左右。还要随时拔除杂草和中耕松土，以增加土壤的透气性。

3. 植株调整（整枝、摘心与除花序）

藤三七分枝性强，茎蔓交叠，生长繁茂，在生产中需通过整枝、修剪、摘心等措施来控制植株的生长和发育。具体采取何种措施应根据植株生长势、栽培方式、定植密度、气候条件等而定。采用爬地栽培的，在蔓长30～40厘米时摘除植株生长点，可促发粗壮的新梢，增大增厚叶片，促进叶腋新梢的萌发。以后随着茎蔓的伸长再摘除其生长点。入秋后地上部的老茎蔓剪除，用有机肥拌土进行培肥培土，以利于植株复壮。采用搭架栽培的，秋季栽植会出现花序，要及时摘除这些嫩梢，以控制花序的发生。整枝、摘心及除花序可促使叶片肥厚柔嫩、新梢粗壮，达到提高产量和品质的目的。

八、病虫害防治

藤三七的虫害主要有斜纹夜蛾、甜菜夜蛾、蚜虫等。斜纹夜蛾、甜菜夜蛾可用0.36%百草一号水剂1000倍液或0.6%清源保水剂1500倍液喷雾防治；蚜虫用5%“云菊”牌天然除虫菊乳油1000倍液喷雾防治。

藤三七的病害主要是蛇眼病。蛇眼病在整个生长期均常见，以夏季最多，主要危害叶片，被害叶片初期呈紫红色水渍状小圆点，稍凹陷，以后逐渐扩大，中央褪成灰白色至黄褐色，边缘稍深，为紫褐色，分界明晰。蛇眼病严重时病斑密布，有的穿孔，不仅影响产量，也影响产品品质，以致失去食用价值。可通过加强田间管理、适当密植进行防治，夏季露地栽培的宜用遮阳网覆盖，及时喷水增大田间湿度，减少氮肥的施用，多施有机肥。同时，在发病初期可用斑即脱等药剂防治。

九、适时采收

藤三七一次种植，多年收获，通常以采收嫩梢或成长叶片为产品。嫩梢产品通常在茎蔓伸长到一定程度时摘取（嫩梢长12～15厘米）；叶片产品则是采摘厚大、成熟、无病者。一般藤三七定植后30多天即可随时采收，2个月后进入盛产期，平均每株每月可采摘叶片300～400个，采收期约6个月。大面积栽培时清晨采摘为好，较耐贮运。鲜叶片采收后用保鲜膜包裹，存于5℃的温度下，能保存7～10天。藤三七如果栽培管理得当，四季均可采收，每亩年产量可达3000～4000千克。

第八节　蕨菜栽培技术

蕨菜又叫龙头菜、如意菜、拳头菜，是野菜的一种。它所烹制的菜肴质地软嫩，清香味浓。蕨菜富含氨基酸、多种维生素、微量元素，还含有蕨苷、甾醇等特有的营养成分，被称为“山菜之王”，是不可多得的野菜美味。蕨菜虽可鲜食，但较难以保鲜，所以市场上常见其腌制品或干品。

蕨菜中的蕨素对细菌有一定的抑制作用，能清热解毒，杀菌消炎。蕨菜的某些有效成分能扩张血管，降低血压。蕨菜还可以止泻利尿，所含的膳食纤维能促进胃肠蠕动，具有下气通便的作用，能清肠排毒。民间常用蕨菜治疗痢疾及小便淋漓不通。常食蕨菜能补脾益气，强健机体，增强抗病能力，并能减肥。

蕨菜的营养价值很高，国内食用量很大，出口需要量也逐渐增长，目前仅靠野生资源不能满足需要，所以大力发展人工栽培，使蕨菜由野生状态转入人工栽培已是当务之急。现将蕨菜的人工引种栽培技术介绍如下：

一、蕨菜的特征与特性

蕨菜属一种多年生宿根性草本植物，以幼嫩的叶芽供食用，根状茎细长，在地下 20～30 厘米处匍匐延伸。其抗逆性很强，适应性很广，喜欢湿润、凉爽的气候。要求有机质丰富、土层深厚、排水良好、植被覆盖率高的中性或微酸性土壤。对光照不敏感，对水分要求严格，不耐干旱。具体生长规律为：5 月中下旬出苗，6 月中下旬结束。出苗后 7～10 天为嫩茎伸直生长期，之后进入展叶期，经 40～50 天到 8 月中旬展叶结束，生长停止。一般株高 1 米左右，展叶 7～9 层，9 月中下旬地上茎叶变褐、枯萎。

二、引种

基本原则是由近及远，尽可能引相似生态环境下的种。

① 引种幼苗一般在春季生长期开始时为好，运输过程中保持空气、土壤湿润。

② 引种根状茎时间以秋季为好，在地上茎叶枯萎后，大地冻结前挖取；春季在出苗之前挖取。根状茎的长度应带有两个以上的芽簇，粗度以 7～10 毫米为宜，一颗直立芽应具有 10 毫米以上的

根。直立芽一定要保护好，这是引种栽培成功与否的关键。

三、定植

1. 整地施肥

秋季进行深松，春季结合整地，亩施纯鸡粪 2000 千克，然后做床。地上床、地下床、平床均可，床面宽 1～2 米，高 20 厘米，长 15～20 米，床间留 50 厘米作业道。

2. 栽植

根状茎按 25 厘米行距开 10 厘米宽、15 厘米深的定植沟，并按 5 厘米芽距调整摆放根段，然后覆土 10 厘米，浇透水，水沉下去后再覆土 5 厘米，用耙子耧平。

3. 移栽幼苗

当苗高 10～12 厘米时，带土坨移栽。移栽时挖直径 20 厘米、深 15 厘米左右的定植穴，按 10 株/米^2 的密度摆放，株行距各为 30 厘米，然后用土填充幼苗周围 12 厘米，立即浇一次透水，水渗下后覆土。

四、田间管理

第 1 年栽植后田间管理的任务是抓苗，做到苗齐、苗壮，土壤湿度必须保证在 55%～60%，浇完水后可覆盖树叶或稻草，干草起避光和保湿作用。生长发育期多中耕锄草，可少留一些长势弱的植株。

五、采收

蕨菜种植一次可采收 15～20 年，每年 5～6 月份采收。当苗高 25～40 厘米、叶柄幼嫩、小叶尚未展开时，即应采收。10～15 天后采收第二次，一年可连续采收 2～3 次。注意不能成片全部采集，每次只能采收 2/3～3/4。

第九节　马兰栽培技术

马兰别名马兰头、红梗菜、鸡儿肠、路边菊，为菊科马兰属植物。全株可入药。据《本草纲目》记载："马兰，性辛、平、无毒，生泽旁，土温而发。"马兰具有清热解毒、消食除湿等药效，适用于外感风热、咽喉炎、扁桃体炎、中耳炎、急性肝炎等多种疾病。幼嫩的地上部茎、叶可作为一种营养保健型蔬菜食用，可炒食、凉拌或做汤，香味浓郁。马兰营养丰富，每100克新鲜食用部分含蛋白质5.4克、碳水化合物6.7克、脂肪0.6克，是白菜的4～5倍；钙258毫克、磷106毫克，超过菠菜；维生素C 36毫克，超过柑橘类水果；铁0.5毫克；胡萝卜素含量接近胡萝卜；还含有维生素B_5、维生素B_2等。马兰原产于亚洲南部及东部。我国安徽、江苏省采食较普遍，山东有一定量的栽培。

一、特征特性

马兰为多年生宿根性草本植物，植株矮小，丛生。茎高30～70厘米，直立，紫红色或青绿色，直径0.4厘米，分枝。野生马兰有红梗、青梗之分，但以红梗香味浓郁。叶倒披针形，互生，叶色深绿，叶长3～10厘米，宽1～5厘米，边缘有锯齿或浅裂，叶脉紫红色或深绿色。叶面光滑或少有短毛，上部叶小，全缘。头状花序，直径约2.5厘米，单生于枝端并排成疏伞房状，总苞2～3层，花黄色。瘦果倒卵状，褐色。

常见野生种有尖叶、板叶、碎叶之分：尖叶马兰叶片窄长，早春萌发早，生长快，上市早，但产量一般；板叶品种叶椭圆形，大而厚，萌发略迟于尖叶品种，但产量高，品质好；碎叶品种叶片小，产量低，萌发迟，品质较差。

马兰适应性广，抗逆性强。喜冷凉、湿润气候，耐寒，又较耐热。种子发芽适宜温度为20℃，嫩茎、叶10～15℃开始生长，生长适温为15～22℃。32℃高温仍能正常生长，－10℃地下根茎能安全越冬。对土壤条件要求不严，但最适宜在肥沃、湿润、疏松的土壤中生长。低温时生长缓慢；气温过高时，植株纤维多，品质差。

二、人工栽培技术要点

（一）露地栽培

1. 整地施肥

选择富含有机质的田块，耕翻晒（冻）垡，重施农家肥，整地做畦，畦宽1.5～2米，沟深15～20厘米。结合整地，每公顷施腐熟农家肥45000千克、磷酸铵复合肥750～1500千克作基肥。

2. 繁殖

可用种子直播或用根状茎繁殖。用种子繁殖时，立春后播种，每公顷用种7500～10250克。播前将种子与3～4倍干细土混匀，播种宜稀不宜密，条播按行距25厘米进行；播后踏实，再浇透水，盖地膜。种子萌芽出土后揭去地膜，要保持畦面湿润，播种后半年即可收获。用根状茎繁殖时，于冬前挖取马兰根状茎，切成5～8厘米长的小段，整地后平铺在10厘米深的沟底，行距20厘米，株距10厘米，覆土踏实，行间可套种越冬菜。分株栽种春、秋季均可进行。4～5月采收结束后，将植株连根挖出，剪去地下部多余的老根，将已有根的侧芽连同一段老根切下，按株距25厘米移栽到整好的畦面上，每穴3～4株，踏实，浇足水，5～7天成活。秋季于8～9月栽种，挖取地下宿根，地上部留10～15厘米，剪去老枝、老根，栽于畦面。成活后及时追肥，以促发棵。

3. 田间管理

（1）肥水管理　栽种活棵后，或幼苗2～3片真叶时，或每次采收后及扣棚前，每公顷施腐熟稀粪水11250～15000千克。粪水应顺行间浇施，减少对产品器官的污染。马兰生长期间，应经常保持畦面湿润，尤其秋季分株后，要经常浇水，促进根系生长和早春萌发。雨季要注意及时排涝降渍。

（2）中耕除草　植株封行前，经常清除田间杂草并结合除草追施肥水，以促使植株生长发育。

（3）覆盖　于10月下旬至11月上旬进行。砍去地上部老桩，清洁田园，中耕，施肥，扣棚盖膜。

（4）病虫害防治 野生或露地栽培的马兰很少发生病虫害，一般不用施药。覆盖栽培时，要注意防治白粉病，可喷施甲基托布津等杀菌剂。

（二）大棚栽培

1. 整地施肥

夏、秋季将土壤深翻 30 厘米，经晒垡后每公顷均匀施入腐熟农家肥 45000 千克或磷酸铵复合肥 750～1500 千克作基肥，将土壤耙细、耧平，做成宽 1.2～1.5 米的畦。

2. 采挖母根与定植

一般于 8 月下旬至 9 月上旬到野外或人工留种地选取生长健壮的植株连根挖起，分株，剪除多余老根后，立即在畦内开沟定植，沟深 6 厘米，按 20 厘米的株、行距栽植于畦上，侧芽朝上，老根平铺。覆土时要注意保持畦面平整。每穴栽 3～5 株，踩实后浇水，5～7 天即可成活。

3. 管理

定植后 1 周左右浇缓苗水，新叶长出后视土壤干湿程度酌情浇水，以保持土壤湿润为宜。11 月中下旬砍去地面老桩，清除田间杂草及枯枝落叶，行间松土，并追农家肥 1000 千克。为确保鲜菜质嫩、味好，一般不追化肥。1 周后覆盖大棚膜，同时要做好保温工作。进入 12 月份要将大棚四周封严，白天保持棚内温度为 18℃左右，空气相对湿度 65%～70%，浇水后及时通风。上午提高棚温，促使水分蒸发，下午加大通风量进行换气。2 月中旬以后气温逐渐回升，更应注意通风，防止高温引起植株衰老和发生灰霉病。采收前 2 天，中午前后要进行通风换气，以提高马兰品质。

4. 病虫害防治

马兰大棚栽培应注意对灰霉病的防治。定植前搞好土壤消毒，每公顷施入 20%多菌灵 45 千克、50%敌克松 15 千克。加强大棚的通风管理，棚内气温不宜超过 20℃。发病期可用 50%速克灵 1000 倍液或 50%万霉灵 1000 倍液喷施。防治病虫害，提高马兰品质，必须每年重栽 1 次。

（三）采收

露地栽培一般在3～4月份采收上市。大棚覆盖栽培的，一般在元月上中旬开始采收，连续采收3～4次，每公顷可产12000～15000千克。用钩刀或小刀挑挖，沿地表下1厘米左右处平持下刀，保留地下根部，以长新芽。可一次性采收，也可收大留小。每收1～2次，施1次30%的粪水，要经常保持畦面湿润，促进茎叶生长。

第十节　苦菜栽培技术

1. 苦菜播种时间

大棚栽培苦菜的播种适应期为7月下旬至8月中旬。过晚苗小，抗寒、抗旱能力低，产量下降。由于苦菜种子没有休眠期，采种当年即可播种生产。首次种植可以采野生苦菜种子。

2. 播种方法

为利于苦菜的生长，要选择疏松肥沃的地块播种，播前深翻细耕，结合整地每亩地施有机肥3000千克。然后按扣棚面积做畦，一般畦宽1米，畦面开8厘米深小沟7条，沟距12厘米。浇透底水，水渗后将种子播于沟内，用细土将沟覆平。畦面加盖塑料薄膜保温，并在膜上加盖草苫，以防日晒高温影响发芽。一般每平方米播种量为3克。

3. 田间管理

播种后7～8天即可出苗，刚出土的幼苗根系细弱，要通过喷水保持土壤湿润，以防干旱苗枯。浇水2～3天后及时松土，既可抑制土壤水分蒸发，又能促进根系生长。杂草是影响幼苗正常生长的主要因素，所以要随时拔除。立秋后，天气凉爽，苦菜生长比较旺盛，为促其根系粗壮，积累更多养分，需结合灌水追一次稀大粪，每亩1000千克。

4. 第二年管理

（1）扣棚　为使苦菜及早上市，又不致遭受冻害，一般要在3月上中旬盖上棚膜。土壤化冻后，耧去地面的枯叶杂草。当地下5

厘米土壤达到4～5℃时，苦菜便开始发新芽返青。

（2）肥水　如果冬季积雪少，土壤墒情不好，要在返青后3～5天灌一次水，以能湿透15厘米土层为准，水量过大会降低地温，影响生长，以后根据土壤情况，到收获前灌1～2次水即可满足需要。苦菜以食叶为主，需氮较多。为了获得高产，需在2～3叶期进行一次叶面追肥，喷施0.5%的尿素溶液。

（3）湿度　苦菜喜欢冷凉的气候条件，棚内温度过高不利于生长，所以当棚温达到25℃时要及时通风降温，保证气温在20℃左右。当叶生长到4厘米以上时，便可收获上市。

第八章

特种蔬菜病虫害防治技术

第一节　特种蔬菜病虫害防治的基本知识

一、特种蔬菜病虫害防治的现状与存在问题

我国蔬菜面积迅速扩大，品种日益增多，栽培方式多样，复种指数提高，特别是大量种植保护地和反季节蔬菜，许多蔬菜得以周年生产，在相当程度上打破了原有的蔬菜作物生态系统的平衡，致使蔬菜病虫害的种类、种群和发生规律随之改变。

（一）病虫害种类增多

目前，我国已报道的蔬菜病虫有200余种，其中常年发生的病害有70多种，害虫有50多种，几乎任何一种蔬菜都可遭受病虫害的侵袭。较严重的病害有：多种蔬菜的病毒病、灰霉病、菌核病、霜霉病、白粉病、枯萎病、青枯病、线虫病，十字花科的软腐病，茄果类和瓜类的疫病、炭疽病，豆类的锈病等。主要害虫有：蚜虫、温室白粉虱、烟粉虱、红蜘蛛、茶黄螨、潜叶蝇、斑潜蝇、小菜蛾、菜青虫、甜菜夜蛾、斜纹夜蛾、种蝇、蓟马、黄条跳甲等。这些病虫害的发生面积大，发生频繁，世代重叠，危害严重。

（二）病虫耐药性明显增强

特种蔬菜经济效益显著，复种指数高，菜农片面追求短期防治

效果，长期单一依赖化学防治，任意提高施药浓度、增加用药次数等不合理使用现象相当普遍，因而菜田用药频率及单位面积用药剂量均显著高于其他作物。同时，蔬菜是一类以新鲜菜叶或果实食用的作物，且采收频繁，毒性较大或残效期较长的药剂禁止在蔬菜上使用，因而可供蔬菜上使用的农药品种大大减少，同一种或同一类农药在同一地区连续或多次使用的概率显著增加，因此蔬菜害虫的耐药性发生快、发展快且抗性水平高。另外，一些新开发的农药品种成本较高，常常最先在经济效益较好的蔬菜上使用，因此其抗性也往往首先在蔬菜害虫上出现。目前，我国蔬菜上抗性水平较高的害虫有：小菜蛾、甜菜夜蛾、菜青虫、斜纹夜蛾、菜蚜、棉铃虫、温室白粉虱等。

当病虫受到一定剂量农药作用后，大部分慢慢死亡，其中不敏感的小部分个体就存活下来，并继续繁殖后代，这样的后代就增强了对农药的耐药性。

过去通常认为昆虫生长调节剂、微生物杀虫剂属生物农药范畴，小菜蛾不易产生耐药性，但后来的研究结果表明，小菜蛾对Bt也产生了耐药性，且抗性水平有逐年提高的趋势。

斜纹夜蛾［*Prodenia litura*（Fabricious）］对有机氯、有机磷、拟除虫菊酯、氨基甲酸酯类以及Bt制剂等农药均产生了耐药性。

（三）一些次要病虫害上升为主要病虫害

正因为蔬菜种类增加、保护地面积扩大、栽培方式多样、反季节栽培及国际交流频繁等原因，使原本一些次要的病虫害逐渐上升为主要病虫害。如灰霉病、菌核病、线虫病、温室白粉虱和茶黄螨现已成为北方保护地的重大新灾害，斑潜蝇和烟粉虱在全国普遍暴发，杂食性夜蛾类害虫，如甜菜夜蛾、斜纹夜蛾等日趋严重，抗叶霉病的番茄品种因病菌生理小种的变异而丧失抗性。

（四）化学农药污染依然存在

目前蔬菜病虫害的防治仍以化学药剂为主，影响无公害蔬菜产品安全质量的农药主要为杀虫剂农药（占70%），有些菜农盲目追求防效而使用水胺硫磷、甲胺磷、三氯杀螨醇、呋喃丹，甚至于使用1059、1605等禁用的高毒、高残留农药。长期、大量、单一、不科学用药的结果，造成蔬菜农药残留超标，人畜中毒事件时有发生，生态环境遭到破坏，病虫产生耐药性，生产成本提高等。

（五）蔬菜农药残留检测

市场使用的蔬菜农药残留速测仪性能有限，检测结果只能反映是否合格，而不能测出超标农药的品种及超标量。此外，国家没有统一处置农药残留超标蔬菜的严格规定，不能从根本上杜绝其入市销售。

（六）菜农亟待培训

不少菜农不能正确识别病虫害，缺乏植物保护基本知识和病虫害综合防治技能，依赖、误用和不合理使用化学农药的情况较为普遍，经常出现打“保险药”、打“马后炮药”、打“错药”、打“便宜药”、打“高毒剧毒药”等现象。

（七）菜农合作经济组织尚待建立

目前我国农业以家庭承包经营为主的格局，带来了生产的极端分散性和随意性，决定了发展无公害蔬菜的艰巨性和复杂性。如果没有有效的合作经济组织来保证生产自律，一家一户地搞无公害蔬菜生产是很难办到的。应发展菜农合作经济组织，如组建“菜农合作社”或“股份合作制”等产业化经营服务组织，来提高菜农的组织化程度和推进无公害蔬菜产业化。

二、特种蔬菜病虫害综合防治技术

贯彻“预防为主、综合防治”的植保方针来控制病虫害是无公害蔬菜生产的关键策略。让大家吃到“放心菜”，就是人们常说的无公害蔬菜，即指农药残留不超标、硝酸盐含量不超标、“三废”等有害物质不超标、有害病原微生物不超标、避免环境污染的商品蔬菜。

无公害产品是当前的发展趋势，采用综合防治病虫害措施，以防为主，防重于治，采用生物防治、农业防治、物理防治和药剂防治相结合。

（一）农业防治

根据病虫害的消长规律，综合运用先进的栽培技术，创造有利于蔬菜生长而不利于病虫发生的环境条件，使蔬菜健壮生长和发育，增强蔬菜抵抗力，从而抑制部分病虫害的发生和扩展，避免或减轻危害。

① 因地制宜，选用抗、耐病品种 利用抗性品种和杂交优势是防治蔬菜病虫害最经济有效的方法之一。

② 合理轮、间、套作 轮作可改善土壤结构，提高土壤肥力，恶化病虫生存环境，对预防病虫发生，减轻损失，效果非常显著，尤其是对土传性病害、青枯病、枯萎病等效果更佳。合理的间、套作可利用不同蔬菜根际微生物的拮抗作用，防治或减轻土传病虫害。

③ 合理耕作，田园清洁 合理的耕作可改变土壤环境，如夏季晒土、冬季冻土、深沟高畦栽培以利排水、合理密植以利通风透光、用石灰调节土壤酸碱度。及时消除残株败叶，摘除病叶、病果、病枝，拔除病株，铲除杂草，保持田园清洁，可减少病原，切断传播途径，从而减轻病虫害发生。

④ 合理施肥，科学管水 以基肥为主、追肥为辅，有机肥为主、无机肥为辅，合理配方施肥，实行“三看”（看地、看苗、看天）施肥，保证蔬菜生长所需的营养，促使蔬菜健壮，抗病虫能力增强，不用未腐熟的有机肥料。采用先进微灌技术供水，做到适时适量灌水，保持土壤湿润，不干不涝，降低湿度，可减轻病虫害发生。

⑤ 适时播种，推广新技术 根据当地气候条件、病虫发生规律和不同蔬菜种类的生长特点，适当提早或延后播种，可避免或减轻病虫的危害。如利用地膜覆盖栽培技术可大幅度减少病害，利用嫁接技术防病，利用无土栽培技术可生产出洁净的“无公害”蔬菜产品。

⑥ 适时栽培，开发野菜 由于高山气候凉爽，病虫害大为减轻，建立高山“无公害”蔬菜基地，实行适地栽培，多地供应。野

菜由于长期的自然选择，对环境的适应能力强，抗逆性、抗病能力强，是纯天然的“无公害”蔬菜，很有开发前景。

（二）物理防治

利用各种物理因素、人工或器械杀灭病虫害的方法。

① 防虫网　蔬菜防虫网覆盖栽培技术，立足于对害虫的持续控制，构建人工隔离屏障，切断害虫为害、传毒途径，从而有效控制蔬菜病虫害，促进和维持田间生态平衡，是一种蔬菜防虫抗灾的环保型新技术，适用于夏季叶菜类、茄果类、瓜类、秋菜育苗，实行全程覆盖，是“无公害”蔬菜生产的理想途径。

② 种子、土壤消毒　以防种子带虫、带菌，在播种前采用风选、水选或筛选等方法进行种子精选，并进行种子包衣和种子消毒。种子包衣技术是采用不同方法和配方，将化肥、农药等包在种子上，防止苗期害虫侵入而迅速生长。种子消毒方式有温汤消毒、高锰酸钾消毒、药物浸/拌种等。为消灭土壤中的病原物，在种植前进行土壤消毒，如药物（绿亨一号、托布津、百菌清等）消毒法、石灰消毒法，大大减少土壤病原物的数量，减轻危害。

③ 人工捕杀，灯光诱杀　当害虫发生面积不大时，可人工捕杀，如在菜地发现地老虎、蛴螬为害后，可在被害株及邻株根际土捕捉。灯光诱杀是消灭害虫的有效方法。

④ 毒饵诱杀，色板（膜）诱虫　利用害虫的某些趋性，调制各种毒饵，将害虫毒死，也可用带色的粘板进行粘虫，如黄色的粘板可用于粘蚜虫、美洲斑潜叶蝇，银灰薄膜有避蚜作用。

（三）生物防治

利用生物农药、天敌、植物提取液、生物肥料等无害化方法进行病虫防治，具有成本低、无污染等特点。

1. 以虫治虫

直接利用大量繁殖的昆虫天敌来杀灭害虫，如寄生蜂、草蛉、食虫、食菌瓢甲及某些专食害虫的昆虫。利用拟澳洲赤眼蜂防治烟青虫、瓜野螟效果良好，赤眼蜂是一种卵寄生蜂，将自己的卵产于害虫卵内，致使害虫不能孵化而杀死害虫。

2. 生物农药

包括生物杀菌剂、生物杀虫剂、生物病毒防治剂。

① 生物杀菌剂　用发酵法繁殖多种不同的良性霉菌或生物代谢物，用于防治不同的病害，如丰宁 B1、农抗 120、井冈霉素、农用链霉素、新植霉素、春雷霉素、454、农丰菌等。

② 生物杀虫剂　利用有益微生物及其代谢物，还有昆虫激素进行杀灭害虫。如苏云金杆菌、青虫菌、白僵菌、威敌、强敌 311、强敌 312、菜蛾清、菜蛾敌、绿菜宝、卡死克、抑太保、农梦特、灭幼脲、绿灵等。目前以阿维菌素（Avermectin）最引人注目，该剂作用机制特殊，对小菜蛾、棉铃虫、潜叶蝇等多种蔬菜害虫有很高防效，近年已开发出一系列该类药剂，如害极灭、阿维虫清、齐螨素、螨虫素（虫螨灵）、虫螨克、虫螨光、青青乐、爱福丁、阿巴丁、除尽等。

③ 生物病毒防治剂　蔬菜病毒种类多，发生普遍，为害严重，近年相继研制了一系列病毒防治剂。如弱毒疫苗 N14、卫生病毒 S52、植物病毒钝化剂“912”、高脂膜、83 增抗剂、植病灵、病毒 A、抗毒剂一号（病毒 K）、抗病毒、病毒净、病毒灵等。

3. 植物提取液（植物农药）

从植物体内提取杀虫杀菌成分用于防治病虫害，如楝科植物中的印楝其种子中含有楝素等多种杀虫活性物质，已商品生产的有 0.5%楝素杀虫乳油（蔬果净），还有菊科植物中的除虫菊、万寿菊，以及大蒜、番茄叶、黄瓜蔓、丝瓜叶蔓、马尾松、皂角树叶、枫树叶、桃树叶、辣椒、韭菜、洋葱等均含有杀虫或杀菌活性物，可利用其自制杀虫或杀菌剂。

4. 生物肥料

施用优质的农家肥如腐熟的人畜粪肥，堆沤的厩肥，秸秆还田和种植绿肥翻压等尽量减少化肥的施用量，是实现蔬菜“无公害”生产，达到优质高产的关键，但优质农家肥远远满足不了当前生产所需，因此多效生物肥异军突起，以弥补有机肥之不足。如 5406 菌肥、TBS 高效生物菌肥、绿友生物肥料、阿姆斯世纪地得力、道林生物肥、高效生物菌肥、生物固氮肥、酵素菌肥、生物钾肥等。这些肥料本身含有丰富的有益微生物（巨大芽孢杆菌、蜡状芽孢杆菌、硅酸盐细菌、固氮芽孢菌、磷细菌、钾细菌等）和有机质，可改良土壤理化性质，促进土壤中无效态营养元素向有效态转化，提高土壤中P、K元素的利用率，增强植株根际土壤的活性，增加土壤有机质的含量，提高蔬菜产量和品质，增强抗病能力。

（四）化学防治

化学防治是综合防治中必不可少的重要手段，是及时控制病、虫、草的有效措施，但必须合理使用，既要发挥化学农药的作用，又要减少杀伤天敌及污染环境。本着安全、经济、有效的目的，对蔬菜施药应遵循“严格、准确、适量”的原则。

1. 严格

一是严格控制农药品种，目前我国常用农药单剂近百种，其中蔬菜生产常用的杀虫剂、杀菌剂、除草剂等农药单剂达30余种，而复配（混）制剂不计其数，在选择化学农药时应优先选用高效低毒低残留的品种，如除虫菊酯类，乐果、辛硫磷、敌敌畏、喹硫磷、乙酰胺磷等少数有机磷农药，还有吡虫啉等常用蔬菜杀虫剂20余种；常用的杀菌剂有托布津、甲霜灵、代森锰锌等30多种。严禁在蔬菜上使用甲胺磷、甲杀、甲甲磷、1808、1605、甲基1605、六六六、呋喃丹、氧化乐果、DDT、杀螟威、久效磷、苏化203、3911、1059、磷胺、异丙磷、三硫磷、磷化锌、磷化铝、氟乙酰胺、杀虫脒、砒霜、西力生、赛力散、氰化苦、溃疡净、五氯酚钠、三溴氯丙烷、401等高毒农药。

二是严格执行农药安全间隔期。蔬菜中农药残留量与蔬菜采收时离最后1次施药间隔的时间长短关系很大，相距近，则残留量多，因此，每种农药均有各自的安全间隔期。一般允许使用的生物农药为3～5天，菊酯类5～7天，有机磷7～10天（少数14天以上），杀菌剂中百菌清、代森锌、多菌灵要求14天以上，其余均为7～10天。

2. 准确

适时防治，对症下药，在做好病虫害预测预报的基础上，根据病虫的消长规律，掌握最佳防治时期施药，达到事半功倍的效果。菜青虫春季防治应掌握“治一压二”的原则，重点防治越冬后第一代菜青虫，就可大大减少春季第二代的菜青虫量。夜蛾类害虫，应在幼虫孵化高峰时用药防治，此时幼虫聚集取食，且耐药性小。

3. 用药要适量

主要包括三个问题：一是浓度；二是用量；三是施药次数。在单位面积上施药浓度过高或者用药量过大，不仅造成农药和经济上的浪费，而且还可能伤害蔬菜作物；反之，在单位面积上施药浓度太低或者用药量过小，则又不能达到防治的目的，同样会造成人力、物力的浪费，甚至会引起病虫产生耐药性。因此，施药时要参照农药说明书和农药手册所介绍的使用浓度和用药量来施用，或者先做小面积的试验，然后再决定适当的使用浓度或用药量。施药次数可根据病虫发生期的长短、发生数量的多少及药剂有效期（半衰期）的长短而定。一般来说，如病虫害发生期长，发生量大，则要增加施药次数。

第二节　特种蔬菜主要病害及其防治

一、霜霉病

1. 症状识别

霜霉病是一种由真菌侵染引起的，十字花科蔬菜的主要病害，为害的特种蔬菜主要有芥蓝、菜心、乌塌菜、京水菜、青花菜等。主要为害叶片，其次为害茎、花梗和种荚等。

菜心霜霉病主要为害叶片，叶斑初呈浅绿色，逐渐变黄干枯产生不规则形黄褐色斑块，因受叶脉限制常呈多角形，湿度大时或雨后病斑背面长出较厚密的霜状霉层，严重时扩展很快，几天内扩展到大半个叶片，造成叶片黄化或脱落（图 8-1）。乌塌菜霜霉病症状见图 8-2。

2. 病原

病原为寄生霜霉菌［*Peronospora parasitica*（Pers.）Fr.］，属鞭毛菌亚门霜霉菌属。菌丝体无隔、无色，寄生于细胞间隙，产生球形或囊状的吸器伸入寄主细胞内吸取养分。无性态在菌丝上产生孢子囊梗，从气孔伸出。孢子囊无色，单胞，长圆形至卵圆形。

图 8-1 菜心霜霉病症状

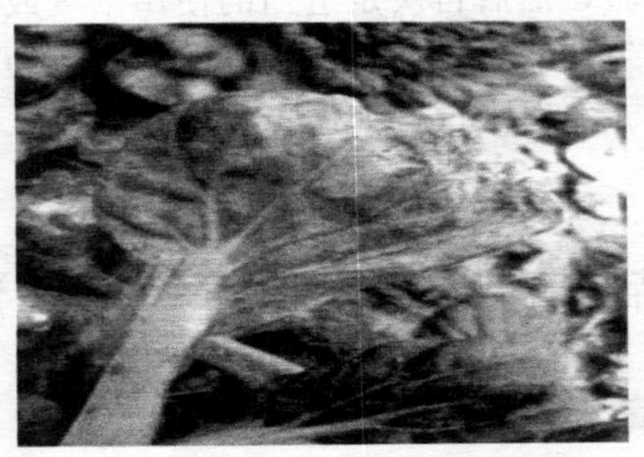

图 8-2 乌塌菜霜霉病叶片

孢子囊萌发时直接产生芽管。有性态产生卵孢子，在患病的叶、茎、花薹和荚果中都可形成，尤以花薹等肥厚组织中为多。

病菌发育要求较低的温度和较高的湿度。菌丝发育适温 20～24℃；孢子囊形成适温 8～12℃，萌发温度范围 3～35℃，适温7～13℃，在水滴中和适温下，孢子囊经 3～4 小时即可萌发；病菌侵染适温 16℃；10～15℃的温度和 70%～75%的相对湿度利于卵孢子的形成，萌发的温度要求大致与孢子囊一致。

病菌为专性寄生菌，有明显的生理分化现象。

菜心霜霉病病原为鞭毛菌亚门的芸薹叉梗霜霉菌芸薹属变种[*Peronospora brassicae*＝*P. parasitica*（Pers.）Fr. var. *brassicae*]。

3. 病害循环

菜心霜霉病与大、小白菜霜霉病病原及发病特点相同，但病菌生理特点可能不同。

在北方，病菌主要以卵孢子随病残体在土壤中越冬，翌春萌发侵染春菜如小白菜、油菜等，以后病斑上产生孢子囊进行再侵染。病菌也可以菌丝体在采种株内越冬，翌年病组织上产生孢子囊反复进行侵染。此外，病菌还能以卵孢子附于种子表面或以病残体混在种子中越冬，次年播种后侵染幼苗。卵孢子在土壤中可存活1～2年。北方地区卵孢子是春、秋两季十字花科蔬菜发病的主要初次侵染源；而在冬季田间种植十字花科蔬菜的地区，病菌可直接在寄主体内越冬，以卵孢子在病残体、土壤和种子表面越夏，以后侵染秋菜，由此形成周年危害。

孢子囊由气流和雨水传播，在一个生长季节可进行多次再侵染，使病害扩展蔓延。

4. 发病条件

此病的发生和流行主要受气候条件、栽培条件和品种抗性的影响。

（1）气候条件　以温、湿度的影响最为重要，为低温高湿病害。田间郁密高湿，夜间经常结露，即使无雨，病情也会发展。

（2）栽培条件　十字花科蔬菜连作，利于卵孢子在土壤中的积累，初侵染源增加，从而发病多而重；轮作尤其水旱轮作，可促使病残体腐烂分解，发病轻。此外，播种过密，间苗过迟，蹲苗过长，整地不平，地势低洼积水，通风不良，追肥不及时或偏施氮肥，都利于病害发生。

（3）品种抗性　品种间抗性差异显著，且对病毒病和霜霉病的抗性较为一致。

5. 病害控制

应以加强栽培管理和消灭初侵染源为主，合理利用抗病品种，加强预测预报，配合药剂防治等综合措施。

（1）选用抗病品种　由于抗花叶病品种也抗霜霉病，各地可因地制宜选用。

（2）加强栽培管理　栽培管理方面应注意以下几个问题：

①选无病株留种　播种前用10％盐水选种，清除瘪粒病籽；按种子重量的0.3％用25％瑞毒霉或50％福美双拌种消毒。

② 合理轮作　实行2年以上轮作，水旱轮作效果更好。

③ 适期播种　如秋白菜可适期晚播，使包心期避开多雨季节，同时注意合理密植。

④ 加强栽培管理　精细整地；高垄栽培，及时排除积水，降低田间湿度；结合间苗剔除病残植株；增施磷、钾肥，适期追肥，增强植株抗病力；收后清除病残，深翻压埋病菌。

(3) 药剂防治　发现中心病株及时喷药保护，控制病害蔓延。药剂有：72.2%扑霉特、69%安克·锰锌、58%雷多米尔·锰锌、40%乙膦铝、25%甲霜灵、75%百菌清、72.2%普力克、72%克霜氰等。间隔7～10天1次，连续防治2～3次。

二、病毒病

1. 症状

十字花科蔬菜病毒病，我国各地普遍发生，危害严重。

症状类型因病毒种类及株系、被害蔬菜类别和环境条件的不同有所差异。病毒病又叫孤丁病，为十字花科蔬菜的主要病害。分布广泛，发生普遍，保护地、露地都可发病，以夏秋发病较重。一般病株率5%～10%，对产量影响不明显，严重时病株可达20%～30%，显著降低产量与品质。

畸形花叶型表现心叶出现明脉或扭曲畸形，叶片颜色深浅不一，皱缩歪扭，呈现典型的花叶或斑驳症状。坏死斑点型多在外叶上产生很多大小不一的近圆形至不规则形的灰褐色或黄褐色坏死斑，病斑中央略凹陷，边缘常现黄色晕环，后病叶黄化坏死。

2. 病原

我国十字花科蔬菜病毒病的毒源主要为芜菁花叶病毒（TuMV），其次为黄瓜花叶病毒（CMV），此外东北报道有萝卜花叶病毒（RMV）和烟草环斑病毒（TRSV），西安有白菜沿脉坏死病毒（CVNV），新疆有花椰菜花叶病毒（CaMV），湖南有苜蓿花叶病毒（AMV）和烟草花叶病毒（TMV）等。可单独侵染，也可复合侵染。

3. 病害循环

在华北、东北和西北地区，病毒主要在窖内贮藏的大白菜、甘蓝、萝卜等的留种株上越冬，也可在多年生宿根植物（如菠菜、芥菜等）及田边杂草上越冬。春季蚜虫把病毒从越冬种株传到春季甘蓝、萝卜、小白菜等十字花科蔬菜上，再经夏季甘蓝、白菜等传到秋白菜和萝卜上。在南方，因田间终年种植十字花科蔬菜，如菜心、小白菜和西洋菜等，病菌可周年循环。

在广州周年都有十字花科和葫芦科蔬菜种植的地方，病害终年都可发生，无明显越冬期。田间传病主要通过蚜虫非持久性传毒，其次通过汁液传毒。通常在高温干旱、蚜虫活动猖獗的年份和季节，病害易发生流行。品种间抗病性有差异。

4. 发病条件

此病的发生和流行主要与气候条件、栽培管理以及品种抗病性有关。

（1）气候条件　以降雨量及降雨天数的影响最为关键。土温高、土壤湿度低，病毒病发生较重。

（2）耕作与栽培管理　十字花科蔬菜互为邻作或和其他毒源植物邻作，病害发生严重；反之，发病轻。

（3）品种抗病性　不同品种的蔬菜间抗病性有显著差异。

5. 病害控制

防治策略是采用选种抗病品种和消灭传毒蚜虫为主，加强栽培措施为辅。

（1）选用丰产抗病良种。

（2）加强栽培管理，调整蔬菜布局，合理间、套、轮作；深翻起垄，施足底肥，增施磷、钾肥；适期播种，避过高温及蚜虫高峰。

（3）治蚜防病，苗床驱蚜。银灰色反光膜拱棚或拉银灰塑条（网孔30厘米×30厘米）避蚜，或设黄板涂机油诱蚜，或喷50%抗蚜威3000倍液等杀蚜。

（4）药剂防治，发病初期可喷洒20%病毒灵、2%宁南霉素、20%病毒A、0.5%抗毒剂1号、1.5%植病灵等。间隔10天1次，连续喷施2～3次。

三、软腐病

十字花科蔬菜软腐病又称水烂、烂疙瘩，全国各地都有发生。

此病还可危害菜心、羽衣甘蓝、紫甘蓝、皱叶甘蓝、芜菁、青花菜等及其他蔬菜。

1. 症状

发病部位从伤口处开始，初期呈浸润状半透明，以后病部扩展成明显的水渍状，表皮下陷，有污白色细菌溢脓。内部组织除维管束外全部腐烂，呈黏滑软腐状，并发出恶臭。

菜心上此病多在成株期发生。多由叶柄基部伤口处侵入，病部初为半透明水渍状，逐渐扩大变为淡灰褐色，叶柄组织呈黏滑软腐状，并释放出臭味。病害沿叶柄基部向根茎发展，腐烂，造成外叶白天萎蔫，早晚恢复正常。随病情发展萎蔫叶不再恢复，终致植株倒斜，病部失水，组织干腐（图 8-3）。

(a) 菜心软腐病

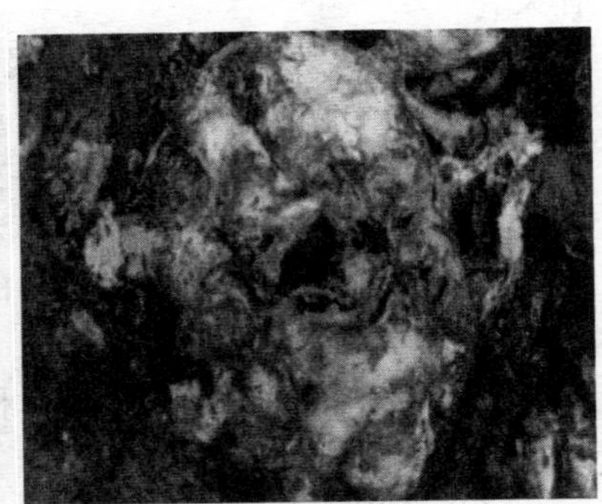

(b) 芜菁软腐病

图 8-3 软腐病症状

2. 病原

病原为胡萝卜欧氏杆菌胡萝卜致病变种（*Erwinia carotovora* pv. *carotovora* Dye），属薄壁菌门欧文氏菌属。菌体短杆状，具2～8 根周生鞭毛，无荚膜，不产生芽孢，革兰氏染色反应阴性。病菌生长温度范围 9～40℃，最适温度 25～30℃；病菌生长要求高湿度，不耐干旱和日晒。致死温度为 50℃，10 分钟。

3. 病害循环

在北方，病菌主要在带病采种株和病残组织中越冬。

传播：雨水、灌溉水、施肥和昆虫（如黄条跳甲、甘蓝蝇、花条蟮象、菜粉蝶等）等。

侵入途径：从自然裂口或伤口侵入寄主（图 8-4）。

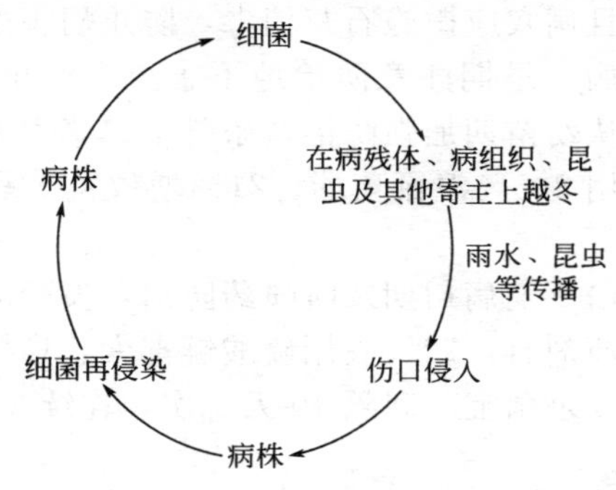

图 8-4　特菜软腐病侵染循环

4. 发病条件

此病的发生与寄主的愈伤能力、品种、气候以及栽培管理关系密切。

（1）伤口种类和愈伤能力　引起软腐病发病率最高的是自然裂口，其次为虫伤。莲座期愈伤组织形成慢，此时发病重。

（2）品种　不同品种蔬菜的愈伤能力也有差异。

（3）虫害　昆虫危害造成伤口，提供病菌侵入通道；昆虫携带大量细菌，直接起到传播作用。

（4）气候条件　气候条件中以雨水和温度影响最大，二者影响着病菌的传播和发育、媒介昆虫的繁殖和活动、寄主植物的愈伤速度等。

（5）栽培管理条件　通常，高垄栽培土壤中 O_2 充足，不易积水，利于寄主愈伤组织形成，减少病菌侵染的机会，故发病轻；而平畦地面易积水，土壤缺乏 O_2，不利于寄主根系或叶柄基部愈伤组织的形成，发病重。白菜与大麦、小麦、豆类等轮作发病轻，前茬为茄科和葫芦科蔬菜等发病重。播种期早，生育期提前，包心早，感病期提早，会加重发病，尤其雨水多而早的年份影响更明显。

5. 病害控制

（1）种植抗病品种　选择抗软腐病的菜心、紫菜薹品种。如五彩紫薹2号。

（2）改善栽培管理　避免大水漫灌，雨后及时排水；发现病株立即拔出深埋，且病穴应撒施石灰消毒，防止病害蔓延。

（3）治虫防病　早期注意防治地下害虫，可用40%甲基异硫磷等进行灌根。从幼苗期加强防治黄条跳甲、菜青虫、小菜蛾、甘蓝蝇等害虫，可用2.5%溴氰菊酯、21%增效氰·马、40%乐果等喷雾。

（4）药剂防治　发病初期及时喷药防治，喷药应注意近地表的叶柄及茎基部。药剂有：72%农用硫酸链霉素、14%络氨铜、50%代森铵、10%高效杀菌宝。间隔10天1次，连续2～3次。

四、菌核病

菌核病是一种重要的土传真菌病害，病菌寄主范围广，可侵染多种蔬菜，在相对低温和高湿的保护地条件下常有发生。据统计，菌核病造成的保护地蔬菜产量损失一般为10%～30%，严重者在80%以上。同时，该病菌以菌核的形式在土壤中越冬，随着保护地蔬菜连年重茬，病菌逐年累积，危害也逐年加重。

十字花科蔬菜菌核病，又称菌核性软腐病，在南方沿海地区及长江流域各省发生普遍，危害严重。近年来，北方地区有所发生，并逐渐蔓延。在十字花科蔬菜中，甘蓝和大白菜受害最重，很多特种蔬菜也都有发生。菌核病病菌的寄主范围很广，除危害十字花科蔬菜以外，还能侵害豆科、茄科、葫芦科等19科的71种植物。

1. 症状

菌核病病菌多由茎基或叶柄基部开始侵染。初期病部呈浅灰色至浅灰褐色水渍状，以后形成不规则腐烂斑，逐渐扩展使叶柄和茎基软腐，终致整棵菜腐烂。与此同时，病部表面产生浓密絮状白霉，以后转变成鼠粪状黑色菌核。

对十字花科蔬菜的危害主要是在茎部、叶片或叶球及种荚（图8-5）。

2. 病原

病原为核盘菌［*Sclerotinia sclerotiorum*（Lib）deBary］，属子囊菌亚门核盘菌属。菌丝体在0～30℃都能生长，以20℃左右最适宜。菌丝不耐干燥，只有在带病残体的湿土上才能生长，在

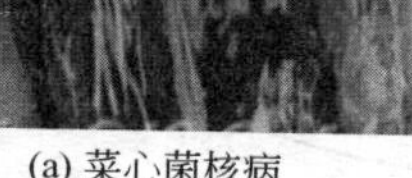

(a) 菜心菌核病

(b) 油菜菌核病

图 8-5　十字花科蔬菜菌核病症状

85%以上的相对湿度下生长良好，相对湿度 70%以下病害发生受到抑制。子囊孢子在 0～35℃下均能萌发，最适 5～10℃，经 48 小时发芽率可达 90%以上。菌核形成后不需休眠，环境条件适宜即可萌发，萌发温度为 5～20℃，最适 15℃左右，但萌发前需吸收一定的水分。菌核在温度较高的土壤中存活 1 年，在干燥的土壤中可存活 3 年以上。土壤存水，菌核 1 个月便腐烂死亡。菌核在 50℃下处理 5 分钟即死亡。

3. 发病规律

病菌以菌核遗留在土壤中或混杂在种子中越冬或越夏。温湿度适宜时，菌核萌发产生子囊盘和子囊孢子。

子囊孢子弹射散发，随气流传播，侵染衰老的叶片和凋落的花瓣。田间的再侵染主要是靠病健植株或组织相互接触，病部长出白色棉毛状菌丝体，发病后期在病部形成菌核越冬。北方地区病菌菌核萌发时期在 3～5 月份。

温度 20℃左右，相对湿度 85%以上，有利于病菌发育，发病重；相对湿度在 70%以下，发病较轻。因此，多雨的早春和晚秋易引起菌核病流行。此外，排水不良，偏施氮肥，田间通透性差等，往往发病重。十字花科、豆科、茄科等蔬菜连作利于病害发生。图 8-6 以油菜菌核病侵染循环为例进行了说明，其他十字花科、豆科、茄科、葫芦科的特菜菌核病侵染循环与此相似。

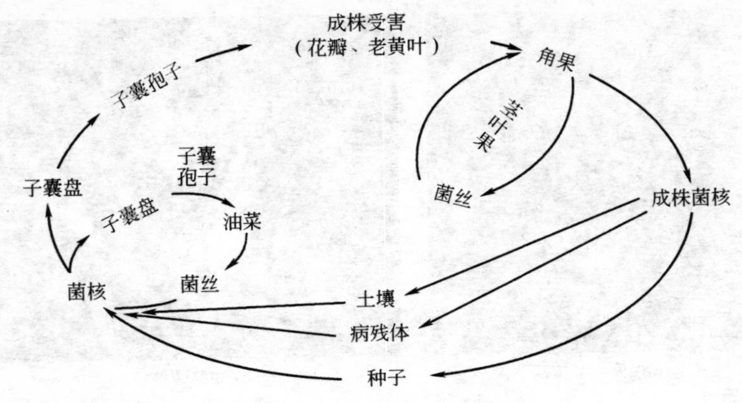

图 8-6　油菜菌核病侵染循环

4. 病害控制

（1）选用无病种子及种子处理　从无病株上采种，淘汰混杂在种子中的菌核及病残屑。播种前，用10％盐水或10％～20％硫酸铵选种，用清水冲洗干净后播种。

（2）加强栽培管理　菜株收获后及时清除病残体，在菌核产生子囊盘的盛期中耕一次。及时清除植株下部的老叶、病叶，以利于通风透光，降低田间湿度。合理施肥，增施磷、钾肥，提高植株抗病能力。

（3）高温闷棚　利用病菌在32℃以上生长缓慢或处于休眠状态不能侵染的特点，于晴天中午关闭大棚或温室风口，使植株间温度升高至33～35℃，持续2～3小时，然后放风，降温排湿，每周3次左右。该法对于其他低温高湿病害也有显著的控制作用。

（4）深翻灌水　深翻可将菌核埋入土层深处，使其不能抽生子囊盘或子囊盘不能出土。灌水覆膜，可使菌核经过高温水泡，从而使土壤中菌核腐烂，失去萌发能力。该方法尤其适用于每年发病重、土壤中菌核数量多的地区。在夏季土地休闲时，深翻土地10厘米左右，翻后灌水，然后覆盖地膜。

（5）药剂防治　发病初期，采用行间撒施药土或喷洒药液的办法进行防治。药剂有：50％氯硝铵、20％甲基立枯磷、40％多·硫悬浮剂、70％甲基硫菌灵、50％扑海因、50％速克灵、50％菌核净等。隔 10 天喷 1 次，连续 2～3 次。

五、灰霉病

灰霉病在大田栽培条件下很少发生，但在设施内栽培，因其室内湿度高，几乎所有作物都普遍发生，且危害严重。设施内各种作物的灰霉病是同一类病害，其病原菌无性世代属半知菌亚门真菌，有性世代属子囊菌亚门真菌。

蔬菜灰霉病是保护地栽培中普遍发生的一类病害。棚栽特种蔬菜羽衣甘蓝、黄瓜、番茄、茄子和韭菜等容易发病，轻者减产 20%～30%，重者损失达 50%。因此，棚室蔬菜必须抓好灰霉病的防治。

1. 症状识别

蔬菜灰霉病主要为害花和幼果，亦可为害叶片与茎。幼果染病较重，柱头和花瓣多先被侵染，后向果实转移。果实多从果柄处或开败的花冠处向果面扩展。致病果皮呈灰白色、软腐，病部长出大量灰绿色霉层，严重时果实脱落，失水后僵化。叶片染病，多从叶尖开始，病斑呈“V”字形向内扩展，初水渍状，浅褐色，有不明显的深浅相间轮纹，潮湿时，病斑表面可产生灰霉，叶片枯死。茎染病，产生水渍状小点，后迅速扩展成长椭圆形，潮湿时，表面生灰褐色霉层，严重时可引起病部以上植株枯死。灰霉病病菌可形成菌核在土壤中越冬，或以菌丝、分生孢子在病残体上越冬。分生孢子随气流及雨水传播蔓延，农事操作是重要传播途径。

番茄灰霉病主要危害果实，先从残留的花或花托侵染，再向果实或果柄扩散，使果皮出现灰白色水渍状病斑，病部变软腐烂；后在果面、花萼及果柄上出现大量灰褐色霉层，果实失水僵化。番茄灰霉病也危害茎叶，成株期病斑始见于叶片，由边缘向里呈“V”字形发展，并产生深浅相间的轮纹，表面着生少量灰霉，叶片最后枯死（图 8-7）。

2. 发生规律

灰霉病是一种低温病害，在我国蔬菜的各栽培区，病害主要发生在冬、春两季。据研究，病菌主要以病残体中的菌丝、菌核和分生孢子越夏。飞放出的游离孢子一般寿命较短，不可能起到越夏的

(a) 叶片症状

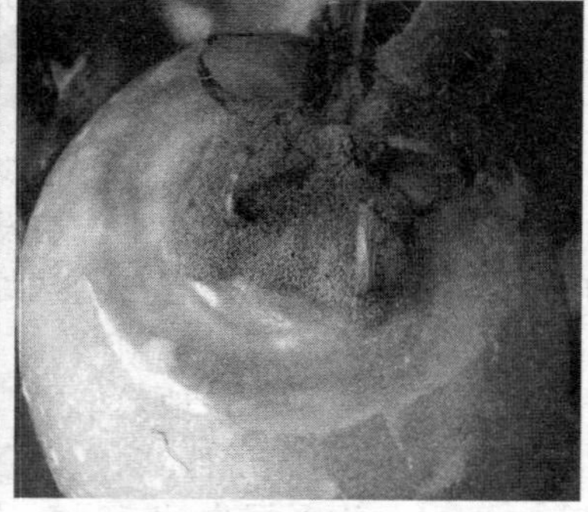

(b) 果实症状

图 8-7 番茄灰霉病叶片与果实

作用；而埋在土中的菌核与孢子寿命较长，对越夏有一定的作用。经越夏的这几种子实体和营养体，经过腐生或弱寄生，产生出分生孢子，又开始了新一轮的侵染循环。目前有人对灰霉病病菌的越冬方式进行了研究，结果表明，将菌核在 10 月埋在土里，至次年的 4 月，深度处于 5～10 厘米的菌核经培养可产生大量的菌丝；而深度在 30 厘米的菌核，则可生出大量的孢子；埋深在 5 厘米、10 厘米、20 厘米、30 厘米的分生孢子，经培养其萌发率分别为 87.5%、89.6%、93.7%及 90.2%，埋得较深的则表现成活率高的倾向。

3. 综合防治措施

防治灰霉病，须认真执行“预防为主、综合防治”的方针，搞好生态、农业、化学等综合防治措施。

低温、高湿、光照不足是蔬菜灰霉病发生的必要条件，其中湿度为发病的主要因素。由于冬春季节大棚内的生态条件平稳，病害容易发生。对蔬菜灰霉病应采取以下具体措施防治：

（1）合理施肥　增施腐熟有机肥，抓好配方施肥，重视磷、钾肥的施用，培育壮苗，提高植株的抗病能力。

（2）采取科学的通风透光措施　保持棚膜清洁，增加透光率。合理密植，减少荫蔽，改善光照条件，适时通风，降低棚内湿度。上午保持较高的温度，使棚顶露水雾化；下午适当延长放风时间；夜间特别是下半夜应适当增温，避免植株结露。

（3）合理浇水　浇水要选在晴天进行，避免在阴雨天浇水，同时要控制浇水量，最大限度地降低湿度。

（4）及时清除病残体　对病叶、病果和病枝要及时摘除，装在塑料袋内，带到棚外集中处理，以防止病菌再次侵染。

（5）抓好药剂防治　药剂防治方法有烟熏、喷粉和喷雾法。烟熏法可选用10%速克灵烟剂或45%百菌清烟剂、15%克菌灵烟剂，每亩用药200～250克，于傍晚分点放置，用暗火点燃后立即密闭大棚烟熏1夜，次日开棚通风。喷粉法即在傍晚喷5%的百菌清粉尘剂，每亩喷药1千克，喷后密闭大棚过夜。喷雾法即选用40%百可得可湿性粉剂1500～2000倍液，或50%速克灵可湿性粉剂1000～1500倍液，或50%扑海因可湿性粉剂1000倍液，或60%防霉宝可湿性超微粉剂600倍液，宜在晴天上午进行，喷雾后要及时通风，以降低湿度。烟熏法和喷粉法效果优于喷雾法，因其不增加湿度，防治较为彻底。此外，对番茄、茄子在用2,4-D蘸花时，可在其稀释液中加50%速克灵可湿性粉剂或50%扑海因可湿性粉剂1000倍液混用，可阻止病菌侵染，具有较好的防治效果，既保果又省工省药。药剂防治应于发病初期开始，每隔7天左右用药1次，以连续用药2～3次为好。

六、白粉病

1. 主要症状

生菜白粉病主要为害蔬菜叶片。初在叶两面生白色粉状霉斑，扩展后形成浅灰白色粉状霉层平铺在叶面上，条件适宜时，彼此连成一片，致整个叶面布满白色粉状物，似铺上一层薄薄的白粉。该病多从种株下部叶片开始发生，后向上部叶片蔓延，整个叶片呈现白粉，致叶片黄化或枯萎。后期病部长出小黑点，即病原菌闭囊壳（图8-8）。

瓜类白粉病主要为害叶片，其次为害叶柄和茎，整个生育期均可发病。叶片发病初期在正、背面产生白色近圆形小粉斑；后扩大连成片，呈白粉状，即分生孢子梗、分生孢子及菌丝体。后期病叶变灰白色、黄褐干枯，有时产生黄褐色至黑褐色小粒点，即闭囊壳。叶柄和茎也产生与叶片类似的白粉状霉斑。

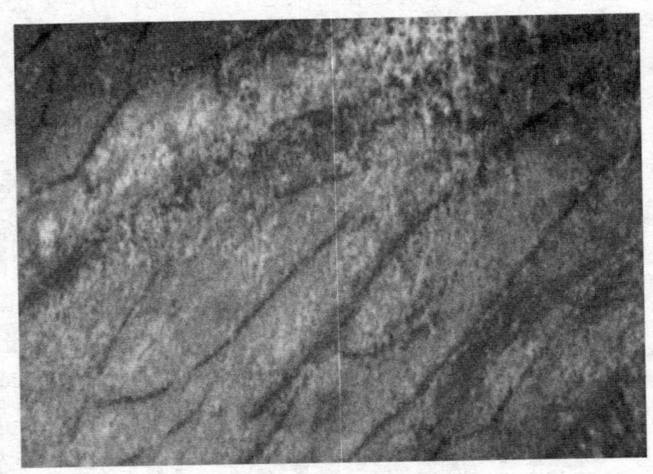

图 8-8　生菜白粉病叶片症状

2. 病原

生菜白粉病病原菌为 *Sphaerotheca fusca*（Fr.）Blum.，异名 *Sphaerotheca fuliginea*（Schlecht.）Poll.，属子囊菌门真菌。子囊果生在叶柄、茎、花萼上时为稀聚生，褐色至暗褐色，球形或近球形，直径 60～95 微米，具 3～7 根附属丝，着生在子囊果下面，长为子囊果直径的 0.8～3 倍，具隔膜0～6 个，内含 1 个子囊。子囊椭圆形或卵形，少数具短柄，大小（50～95）微米×（50～70）微米，内含 8 个或 6～8 个子囊孢子。子囊孢子椭圆形或近球形，大小（15～20）微米×（12.5～15）微米。此外，*Erysiphe cichoracearum* DC. 也可侵染生菜。

瓜类白粉病病原菌为瓜白粉菌（*Erysiphe cucurbi-tacearum* Zheng et chen）和瓜单囊壳［*Sphaerotheca cucurbitae*（Jacz.）Z. Y. Zhao］，属子囊菌门白粉菌目。专性寄生，为害葫芦科植物。两种白粉菌的菌丝体表生，以吸器伸入寄主细胞内吸取营养。瓜白粉菌分生孢子向基型 2 个串生，闭囊壳内多子囊，附属丝菌丝状，长约 300 微米；瓜单囊壳分生孢子向基型多个串生，闭囊壳内单子囊，附属丝无色或仅下部淡褐色。

3. 传播途径和发病条件

（1）生菜白粉病　病菌以闭囊壳在生菜或其他寄主病残体上或以菌丝在棚室内活体生菜属寄主上越冬。翌春 5～6 月，以闭囊壳越冬的放射出子囊孢子；以菌丝在被害株上越冬的产分生孢子借气流传播，进行初侵染和再侵染。落到叶面上的分生孢子遇有适宜条件，孢子发芽产生侵染丝从表皮侵入，在表皮内长出细胞吸取营养。叶面上匍匐着的菌丝体在寄主外表皮上不断扩展，产生大量分生孢子进行重复侵染。分生孢子在 10～30℃均可萌发，20～25℃最适。生产上遇温度 16～24℃，相对湿度高，易发病，栽植过密，通风不良或氮肥偏多，发病重。

（2）瓜类白粉病　南方病菌以菌丝体、分生孢子在寄主上越冬或越夏；北方以闭囊壳随病残体在土中越冬。翌年初侵染由越冬病菌产生分生孢子或子囊孢子，借助风雨传播侵入；再侵染由病部产生的分生孢子借助气流传播蔓延。分生孢子萌发温度 10～30℃，适温 20～25℃，病害流行温度 16～24℃。病菌对湿度的适应范围广，相对湿度低至 25%时仍能萌发，一般相对湿度 45%～75%发病较快，超过 95%则病害受抑制。一般雨量偏少年份发病较重。通风差、排水不良、氮肥过多或缺肥、生长势差的地块，发病重。

4. 防治方法

（1）农业防治措施　选用抗病品种；基肥避免过量施用氮肥，增施磷、钾肥；及时通风、降湿等。

（2）高温闷棚生态防治技术　黄瓜、西瓜等在发病初期，选晴天上午 9～10 时关闭大棚，使棚内温度升高至 44～46℃，并维持 2 小时，然后开门降温即可，每 7 天处理一次，共处理 3～4 次。

（3）药剂防治技术　生菜白粉病发病初期开始喷洒 10%施宝灵胶悬剂 1000 倍液，或 27%铜高尚悬浮剂 600 倍液，或 15%粉锈宁可湿性粉剂 800～1000 倍液，或 50%苯菌灵可湿性粉剂 1000 倍液，或 60%防霉宝超微可湿性粉剂或水溶性粉剂 600 倍液，或 47%加瑞农可湿性粉剂 800 倍液，或 30%绿得保悬浮剂 400 倍液，或 40%福星乳油 7000 倍液，每亩喷兑好的药液 50 升，隔 10～20 天 1 次，防治 1～2 次。采收前 7 天停止用药。

瓜类白粉病应在发病初期施药，可选用 45%百菌清烟剂在棚室内烟熏；也可用40%杜邦福星乳油5000倍液，或10%世高水分散粒剂1500倍液，或40%百可得可湿粉1500倍液，或25%腈菌唑乳油2000倍液，或4%朵麦可水乳剂1500倍液，或15%三唑酮（粉锈宁）1500倍液，或40%多·硫胶悬剂500倍液，或2%农抗120或2%武夷菌素（B0-10）水剂200倍液等喷雾。每5～7天1次，连续防治2～3次。

七、枯萎病

1. 症状

枯萎病或根腐病由镰刀菌侵害植物维管束组织而发生，如荆芥根腐病、生菜枯萎病。

生菜枯萎病其典型症状是枝叶枯萎。发病初期，病株叶片自上而下逐渐萎蔫，状似缺水，到中午前后，萎蔫症状更为明显，但早晚温度低湿度大时仍能恢复。经数天后，病情加重，便全株枯萎下垂，甚至死亡。观察病株基部，可发现水渍状病斑，后变为黄褐色或黑褐色，切开颈部还可看到维管束变褐（图8-9）。

荆芥根腐病主要症状表现在根和茎基部。叶出现后即发病，植株生长不良，矮小。成株期根和茎基部变黑褐色，稍凹陷，纵剖可见维管束变深褐色，病株不发新根，或腐烂死亡，当主根全部染病后，地上茎叶枯死。湿度过大，在病部产生粉红色霉状物。

2. 病原

生菜枯萎病病原菌为 *Fusarium oxysporum* Schlechtendahl f. sp. Lactucae Matuo et Motohashi。以病原菌对各种作物人工接种，结果显示对莴苣和色拉用莴苣有致病性，而对万寿菊、百日草、牛蒡则无致病性。

3. 发生规律

由镰孢属菌进行土壤传染。病菌经土壤传播，也可由种子带菌发生。病菌潜伏期长，防治难度大。凡土质黏重，地势低洼，地下水位高，排水不良，通风性能差的农田较易发生；氮肥过量，磷、钾肥不足或施用未经腐熟的禽畜粪肥也易发生。

4. 综合防治

（1）轮作　实行水旱轮作，这是最基本的防治措施，轮作周期

图 8-9　生菜枯萎病症状

应长达 3 年以上。构筑深沟高畦，降低地下水位，提高农田土壤的排水能力，可明显减轻发病程度。合理增施磷、钾肥，可提高蔬菜作物的抗病性。

（2）床土消毒和种子消毒　播种育苗时可进行床土消毒和种子消毒，做到无病先防。床土消毒的方法是使用福尔马林稀释液浇土，一般每平方米苗床用药 50 克，兑水 2～4 千克均匀浇洒，浇好后土面覆盖一层塑料薄膜，密封 4～5 天后揭盖，并耙松表土，使残留药物挥发排除，再半个月后播种，以免幼嫩苗遭受药害。

种子消毒可采用温汤浸种，先将种子放在常温水中浸 15 分钟，促使种子上的病菌萌发，再投入 55～60℃ 的热水中烫种 15 分钟（此期间要保持水温不变）杀死病菌。为使种子受热均匀，要不断搅动，直至水温降至 35℃ 时停止搅动，然后继续浸泡 6 小时后捞出，经催芽后播种。

（3）药剂防治　在发病初期，进行药物浇根灭菌有明显疗效，可选用的药物有：50％多菌灵 500 倍稀释液；40％抗枯宁 800～

1000 倍稀释液；77%可杀得可湿性粉剂 600～800 倍稀释液；50%拌种双可湿性粉剂 500 倍稀释液。每 5～7 天浇根 1 次，连浇 3～4 次。同时，及时拔除病株，加以销毁。

八、黑斑病

十字花科蔬菜黑斑病是一种世界性的重要病害，最早于 1836 年在甘蓝上发现，在我国多数地区主要由芸薹链格孢引起。该菌早在 1919 年于广东省的甘蓝上发现，1934 年开始有为害大白菜的记载。在 20 世纪 40 年代，黑斑病在我国分布已较为普遍，但对生产影响不大。20 世纪 70 年代末，该病在我国大白菜上的发生开始严重，受害较为严重的地区有：云南省、河北省、吉林省、贵州省、武汉市、北京市、兰州市等地部分地区。该病在其他十字花科蔬菜上的发生也相应地有所加重，在紫菜薹、芥菜、芥蓝、甘蓝、萝卜上都有严重发生的记录。

1. 症状

由芸薹链格孢引起的黑斑病主要为害十字花科蔬菜的叶片（图 8-10）。子叶期发病，在叶上初生褐色小点，渐发展为褪绿斑，扩大后使大部或整个子叶干枯，严重时造成死苗。在真叶上，最初形成圆形褪绿斑，扩大后病斑转为暗黑色，几天后病斑扩大到直径为 5～10 毫米，病斑为淡褐色，上有明显的同心轮纹，并生黑褐色霉状物，病斑变薄，有时破裂或脱落，周围有或无黄色晕圈。发生严重时病斑汇集成大的病区，使大部以至整个叶片枯死。全株叶片由外向内干枯。叶柄发病，一般病斑为椭圆形至梭形，暗褐色，凹

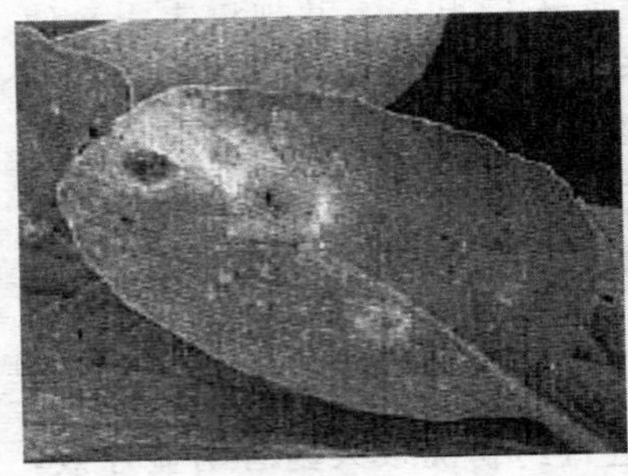

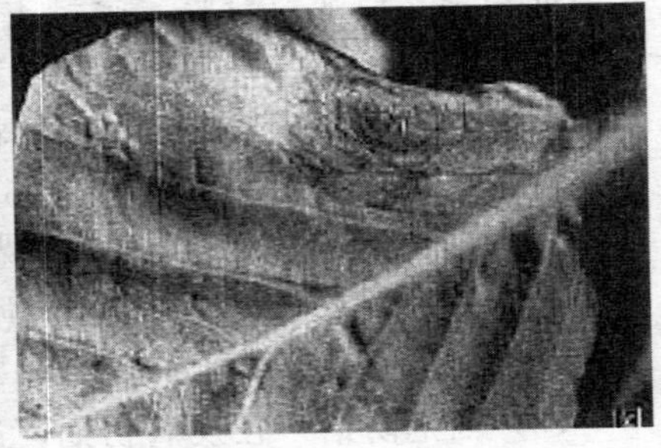

图 8-10 十字花科蔬菜黑斑病症状

陷，大小不一。最大直径可达到20余毫米，表面生褐色霉层，并引起叶柄腐烂。该病在种荚上引起近圆形病斑，中央灰白色，边缘褐色，周围淡褐色，有或无轮纹。潮湿时发生褐色霉状物，种荚瘦小，在收获时污染种子。白菜的叶片及种荚还可被萝卜链格孢为害，引起与芸薹链格孢相似的症状。仅表面生的霉层为黑色，也可以污染种子，影响种子的发芽率。在中国南方，十字花科蔬菜黑斑病往往由甘蓝链格孢引起，也可形成轮纹斑，仅轮纹较稀，但往往生有黑色霉层。

2. 病原

病原为芸薹链格孢［*Alternaria brassicae*（Berk.）Sacc.］和芸薹生链格孢［*A. brassicola*（Schw.）Wiltshire（＝*A. oleracea* Milbr.）］，属半知菌亚门链格孢属。

芸薹链格孢，菌丝埋生，分枝，有隔，透明，光滑，宽4～8微米。分生孢子梗气孔伸出，通常单生，有时束生。束生时每束2～10根或更多。直立或向上弯曲，通常基部稍肿大，有横隔，榄褐色至淡榄灰色，光滑，长可达170微米，宽6～11微米。分生孢子单生，偶见串生，最多可达4个一串，为孔生孢子。孢子直或微弯，倒棒状，具6～9（偶11～15）个横隔、0～8个纵隔及斜隔。淡榄褐色，光滑或罕见有小疣，长75～350微米，最宽部分为20～30微米（有时达40微米），具喙，孢身至喙渐细，为分生孢子长的1/3～1/2，宽5～9微米。

甘蓝链格孢及萝卜链格孢的形态与芸薹链格孢的形态在许多方面相似，但在孢子的着生状态、大小、喙和厚垣孢子的有无及产孢能力上都有一定的差别。

病菌的生存要求高湿度。在高湿条件下，黑斑病菌产孢量大；分生孢子萌发要有水滴存在。芸薹链格孢在0～35℃的温度下均能生长发育，最适温度是17℃，孢子萌发适温为17～22℃，菌丝和分生孢子48℃时处理5分钟可被致死；芸薹生链格孢在10～35℃都能生长发育，菌丝生长适温为25～27℃，孢子萌发温度范围是1～40℃。

3. 侵染循环

在我国南方，该菌可在冬作十字花科作物（如油菜、芥蓝、青菜、红菜薹等及独行菜等杂草）上为害并越冬。在北方该菌还可在冬贮大白菜上越冬。次年春天传播给早春十字花科小菜（如小油菜、小萝卜等）。此外，病菌还可以在病残体上越冬或越夏。干燥的病斑在室温下经 12 个月的贮藏并经保湿仍可以产生孢子，在－18℃以下可以贮藏 3 年以上。此外，病菌还可以菌丝潜伏在种子表皮内越冬并传播，成为远距离传播的初侵染源。病菌的孢子可借风雨传播，在条件合适时产生芽管，从寄主的气孔或表皮直接侵入，侵入后在合适的条件下，约过 1 周即可产生大量新的分生孢子，重复侵染，扩大蔓延。

4. 发病规律

病菌以菌丝体、分生孢子在田间病株、病残体、种子或冬贮菜上越冬。分生孢子在土壤中一般能生存 3 个月，在水中只存活 1 个月，遗留在土表的孢子经 1 年后才死亡。

分生孢子随气流、雨水传播，进行多次再侵染。

黑斑病发生的轻重及早晚与连阴雨持续的时间长短有关，多雨高湿有利于黑斑病发生。发病温度范围为 11～24℃，最适温度是 11.8～19.2℃。孢子萌发要有水滴存在，在昼夜温差大、湿度高时，病情发展迅速。病情轻重和发生早晚与降雨的迟早、雨量的多少成正相关。

5. 病害控制

（1）选用抗（耐）病品种　因地制宜选用适合当地的抗黑斑病品种，以减轻危害。

（2）种子处理　种子如带菌可用 50℃温水浸种 20～25 分钟，冷却晾干后播种，或用占种子重量 0.4％的 40％福美双拌种，也可用占种子重量 0.2％～0.3％的 50％扑海因拌种。

（3）加强栽培管理　与非十字花科蔬菜隔年轮作，收获后及时清除病残体，以减少菌源。合理施肥，采用配方施肥，增施磷、钾肥，施用腐熟的有机肥，提高植株抗病力。

（4）药剂防治　发病初期及时喷药。常用的药剂有：1.5％多抗霉素、50％扑海因、70％代森锰锌、75％百菌清、64％杀毒矾等。隔 7～10 天喷 1 次，连续喷 3～4 次。

第三节　特种蔬菜主要虫害及其防治

一、菜粉蝶

菜粉蝶（*Pieris rapae* Linne），幼虫称菜青虫，属鳞翅目、粉蝶科。广西各地均有发生。寄主植物有十字花科、菊科、旋花科、百合科、茄科、藜科、苋科等9科35种，主要为害十字花科蔬菜，尤以芥蓝、甘蓝、花椰菜等受害比较严重。

1. 危害症状

幼虫咬食寄主叶片，2龄前仅啃食叶肉，留下一层透明表皮，3龄后蚕食叶片孔洞或缺刻，严重时叶片全部被吃光，只残留粗叶脉和叶柄，造成绝产，易引起白菜软腐病的流行。菜青虫取食时，边取食边排出粪便污染。幼虫共5龄，3龄前多在叶背为害，3龄后转至叶面蚕食，4～5龄幼虫的取食量占整个幼虫期取食量的97％。

2. 形态特征

菜粉蝶又称白粉蝶，成虫体长12～20毫米，翅展45～55毫米，体黑色，胸部密被白色及灰黑色长毛，翅白色（图8-11）。雌

图8-11　菜粉蝶

1—成虫；2—蛹；3—卵；4—幼虫

虫前翅前缘和基部大部分为黑色，顶角有1个大三角形黑斑，中室外侧有2个黑色圆斑，前后并列。后翅基部灰黑色，前缘有1个黑斑，翅展开时与前翅后方的黑斑相连接。常有雌雄二型，更有季节二型的现象。随着生活环境的不同，其色泽有深有浅，斑纹有大有小，通常在高温下生长的个体，翅面上的黑斑色深显著，翅里的黄鳞色泽鲜艳；反之，在低温条件下发育成长的个体则黑鳞少而斑型小，或完全消失。

卵竖立呈瓶状，高约1毫米，初产时淡黄色，后变为橙黄色。

菜青虫是菜粉蝶的幼虫。幼虫共5龄，体长28～35毫米，幼虫初孵化时灰黄色，后变青绿色，体圆筒形，中段较肥大，背部有一条不明显的断续黄色纵线，气门线黄色，每节的线上有两个黄斑。密布细小黑色毛瘤，各体节有4～5条横纹。

蛹长18～21毫米，纺锤形，体色有绿色、淡褐色、灰黄色等；背部有3条纵隆线和3个角状突起。头部前端中央有1个短而直的管状突起；腹部两侧也各有1个黄色脊，在第二、第三腹节两侧突起成角。体灰黑色，翅白色，鳞粉细密。前翅基部灰黑色，顶角黑色；后翅前缘有一个不规则的黑斑，后翅底面淡粉黄色。

3. 生活习性

分布于全国各地。发生代数因地而异，在华北一年发生4代、5代，在浙江一带1年发生7～8代。以蛹越冬，成虫喜欢在白昼强光下飞翔，终日飞舞在花间吸蜜。

菜粉蝶的寄主有油菜、甘蓝、花椰菜、白菜、萝卜等十字花科蔬菜，尤其偏嗜含有芥子油糖苷、叶表光滑无毛的甘蓝和花椰菜。它出来活动时间较早，在北方早春见到的第一只蝴蝶常常是菜粉蝶。

雌菜粉蝶交尾之后，约过2天后产卵，每次只产1粒卵，边飞边产，少则只产20粒，多则可产500粒。卵期2～11天。幼虫大多在清晨孵化，出壳时，幼虫在卵内用大颚在卵尖端稍下处咬破卵壳外出。幼虫杂食性，初孵幼虫把卵壳吃掉，再转食十字花科植物食菜叶。幼虫身体为青绿色，所以人们叫它菜青虫，又名青虫、菜虫。

以蛹越冬，一般选在背阳的一面。翌春4月初开始陆续羽化，边吸食花蜜边产卵，以晴暖的中午活动最盛。卵散产，多产于叶背，平均每雌虫产卵约120粒左右。卵的发育起点温度8.4℃，有效积温56.4日·℃，发育历期约4～8天；幼虫的发育起点温度6℃，有效积温217日·℃，发育历期约11～22天；蛹的发育起点温度7℃，有效积温150.1日·℃，发育历期（越冬蛹除外）5～16天；成虫寿命5天左右。菜青虫发育的最适温度20～25℃，相对湿度76%左右，与甘蓝类作物发育所需温湿度接近，因此，在北方春（4～6月）、秋（8～10月）两茬甘蓝大面积栽培期间，菜青虫的发生亦形成春、秋两个高峰。夏季由于高温干燥及甘蓝类栽培面积的大量减少，菜青虫的发生也呈现一个低潮。

已知其天敌有70种以上，主要的寄生性天敌，卵期有广赤眼蜂。

4. 发生规律

各地发生代数、历期不同，内蒙古、辽宁、河北年发生4～5代，上海5～6代，南京7代，武汉、杭州8代，长沙8～9代。

菜粉蝶在山东每年发生5～6代，越冬代成虫3月间出现，以5月下旬至6月份为害最重，7～8月份因高温多雨，天敌增多，寄主缺乏，而导致虫口数量显著减少，到9月份虫口数量回升，形成第二次为害高峰。成虫白天活动，以晴天中午活动最盛，寿命2～5周。菜粉蝶产卵对十字花科蔬菜有很强趋性，尤以厚叶类的甘蓝和花椰菜着卵量大，夏季多产于叶片背面，冬季多产在叶片正面。卵散产，幼虫行动迟缓，不活泼，老熟后多爬至高燥不易浸水处化蛹，非越冬代则常在植株底部叶片背面或叶柄化蛹，并吐丝将蛹体缠结于附着物上。

5. 防治措施

（1）物理防治　在特种蔬菜田内套种甘蓝或花椰菜等十字花科植物，引诱成虫产卵，再集中杀灭幼虫；秋季收获后及时翻耕。清洁田园，十字花科蔬菜收获后，及时清除田间残株老叶和杂草，减少菜青虫繁殖场所和消灭部分蛹。深耕细耙，减少越冬虫源。注意天敌的自然控制作用，保护广赤眼蜂、微红绒茧蜂、凤蝶金小蜂等天敌。在绒茧蜂发生盛期用每克含活孢子数100亿以上的青虫菌或

Bt可湿性粉剂800倍液喷雾。

（2）生物防治　在幼虫2龄前，可选用Bt 500～1000倍液、1%杀虫素乳油2000～2500倍液或0.6%灭虫灵乳油1000～1500倍液等喷雾。

（3）化学防治　低龄幼虫发生初期，喷洒苏云金杆菌800～1000倍液或菜粉蝶颗粒体病毒每亩用20幼虫单位，对菜青虫有良好的防治效果，喷药时间最好在傍晚。幼虫发生盛期，可选用20%天达灭幼脲悬浮剂800倍液、10%高效灭百可乳油1500倍液、50%辛硫磷乳油1000倍液、20%杀灭菊酯2000～3000倍液、21%增效氰马乳油4000倍液或90%敌百虫晶体1000倍液等喷雾2～3次。

值得注意的是，菜青虫世代重叠现象严重，3龄以后的幼虫食量加大，耐药性增强。因此，施药应在2龄之前，药剂可选用2.5%菜喜悬浮剂1000～1500倍液，或5%锐劲特悬浮剂2500倍液，或10%除尽悬浮剂2000～2500倍液，或24%美满悬浮剂2000～2500倍液，或40%新农宝乳油1000倍液，或3.5%锐丹乳油800～1500倍液，或20%斯代克悬浮剂2000倍液，或2.5%敌杀死乳油3000倍液，或2.5%保得乳油2000倍液，或10%歼灭乳油1500～2000倍液，或2.5%好乐士乳油2000～3000倍液，或2.5%大康乳油2000～3000倍液，或5.7%天王百树乳油1000～1500倍液，或25%广治乳油600～800倍液，或3.3%天丁乳油1000倍液，或52.25%农地乐乳油1000倍液，或55%农蛙乳油1000倍液等喷雾。

二、甘蓝夜蛾

甘蓝夜蛾别名甘蓝夜盗虫、菜夜蛾，拉丁学名 *Mamestra brassicae* Linnaeus，属鳞翅目、夜蛾科。甘蓝夜蛾食性极杂，已知寄主达45科100余种，寄主蔬菜主要有甘蓝、花椰菜、白菜、萝卜、油菜、茄果类、豆类、瓜类、马铃薯等。因食性极杂，可危害多种蔬菜。

1. 危害特点

初孵幼虫群聚叶背，啃食叶肉，残留上表皮。2～3龄分散为害，食叶成孔，4龄后，夜间出来暴食，仅留叶脉、叶柄，老龄幼虫可将作物吃光，并成群迁移邻田为害。大龄幼虫有钻蛀习性，常钻入叶球或菜心，排出粪便，并能诱发软腐病引起腐烂，使蔬菜失去商品价值。

2. 形态特征

成虫体长18～25毫米，翅展45～50毫米。灰褐色，前翅有灰黑色环状纹，灰白色肾状纹，前缘近端部有3个小白点，亚外缘线白而细，沿外缘有一列黑点，后翅灰色，无斑纹。

卵半球形，底径0.6～0.7毫米，表面具放射状三序纵棱，棱间具横隔，初产黄白色，孵化前紫黑色。

末龄幼虫体长29.1毫米，初孵幼虫黑绿色，后体色多变，淡绿至黑褐不等。体节明显。背线、亚背线呈白点状细线，气门线及气门下线成一灰白色宽带，体背各节两侧有黑色条斑，呈倒八字形。第1、2龄幼虫缺前2对腹足，行走似尺蠖。

蛹长约20毫米，赤褐或深褐色，背部中央有一深色纵带，臀棘较长，具2根长刺，刺端呈球状（图8-12）。

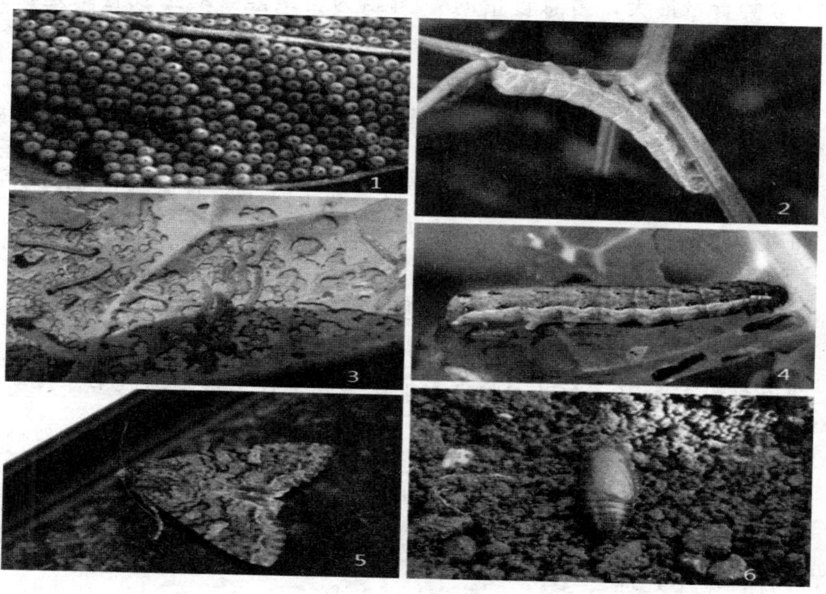

图8-12 甘蓝夜蛾

1—卵；2～4—幼虫；5—成虫；6—蛹

3. 生活习性

甘蓝夜蛾在西藏年发生1代，甘肃（酒泉）1～2代，东北、西北2代，辽宁（兴城）、华北、华中、华东2～3代，四川（重庆）、湖南、陕西（泾惠）3～4代，各地均以蛹在土中滞育越冬。越冬蛹多在寄主植物本田、田边杂草或田埂下，第2年春季3～6月，当气温上升达15～16℃时成虫羽化出土，多不整齐，羽化期较长。成虫昼伏夜出，以上半夜为活动高峰，成虫具趋化性，对糖蜜趋性强，趋光性不强，雌蛾趋光性大于雄蛾。雌蛾一生交配1次，卵多产于生长茂盛叶色浓绿的植物上。卵单层成块位于中、下部叶背，每块60～150粒。一般雌蛾寿命5～10天，产卵500～1000粒，最多产卵3000粒。卵发育适温23.5～26.5℃，历期4～5天，3龄后分散为害，食叶片成孔洞，4龄后白天藏于叶背、心叶或寄主根部附近表土中，夜间出来取食，但在植物密度大时，白天也不隐藏。3龄后蛀入甘蓝、白菜叶球为害。4龄后食量增多，以6龄食量最大，占总食量的80%，为害最烈。幼虫发育最适温度20～24.5℃，历期20～30天。幼虫老熟后潜入6～10厘米表土内做土茧化蛹，蛹期一般为10天，越夏蛹期约2个月，越冬蛹可达半年以上。甘蓝夜蛾喜温暖和偏高湿的气候，日均温18～25℃、相对湿度70%～80%有利于生长发育，温度低于15℃或高于30℃，湿度低于65%或高于85%则不利于发生。甘蓝夜蛾是一种间歇性局部大发生的害虫，一年内常在春、秋季暴发成灾。

甘蓝夜蛾卵期天敌有广赤眼蜂、拟澳赤眼蜂等；幼虫期有甘蓝夜蛾拟瘦姬蜂、黏虫白星姬蜂、银纹夜蛾多胚跳小蜂等；蛹期有广大腿小蜂等。捕食性天敌步甲、虎甲、蚂蚁、马蜂、蜘蛛等在幼虫期也有较大作用。据重庆调查，步行虫和单枝虫霉是抑制第二代幼虫的主要因素。

4. 防治方法

（1）农业防治　菜田收获后进行秋耕或冬耕深翻，铲除杂草可消灭部分越冬蛹，结合农事操作，及时摘除卵块及初龄幼虫聚集的叶片，集中处理。

（2）诱杀成虫　利用成虫的趋光性和趋化性，在羽化期设置黑光灯或糖醋盆（诱液中糖、醋、酒、水比例为10∶1∶1∶8或6∶

3∶1∶10)。

(3) 生物防治　一是在幼虫3龄前施用细菌杀虫剂Bt悬浮剂、Bt可湿性粉剂，一般每克含100亿孢子，兑水500～1000倍喷雾，选温度20℃以上晴天喷洒效果较好。二是卵期人工释放赤眼蜂，每亩设6～8个点，每次每点放2000～3000头，每隔5天1次，连续2～3次。

(4) 药剂防治　掌握在3龄前幼虫较集中、食量小、耐药性弱的有利时机进行化学药剂防治。常用药剂和用量参照菜粉蝶。如错过一、二龄幼虫，可选用美螨2000倍喷雾防治。为防产生耐药性，应交替使用农药，不可多种农药混用或单农药品种连续使用。用药时水量一定要足，喷药均匀到位。

三、蚜虫

蚜虫俗称腻虫或蜜虫等，属于半翅目［原为同翅目（Hemiptera)］，包括球蚜总科（Adelgoidea）和蚜总科（Aphidoidea）。蚜虫主要分布在北半球温带地区和亚热带地区，热带地区分布很少。世界已知约4700余种，中国分布约1100种。其中小蚜属、黑背蚜属及否蚜属为中国特有属。

本节主要介绍与蔬菜关系密切的瓜蚜。瓜蚜的拉丁学名 *Aphis gossypii* Glover，别名棉蚜，属同翅目蚜科。为害黄瓜、南瓜、西葫芦、西瓜、豆类、茄子、菠菜、葱、洋葱等蔬菜，也为害棉、烟草、甜菜等农作物，还为害特菜黄秋葵。

1. 危害特点

以成虫及若虫在叶背和嫩茎上吸食作物汁液。瓜苗嫩叶及生长点被害后，叶片卷缩，瓜苗萎蔫，甚至枯死。老叶受害，提前枯落，缩短结瓜期，造成减产。

2. 形态特征

无翅胎生雌蚜体长1.5～1.9毫米，夏季黄绿色，春、秋墨绿色。体表被薄蜡粉。尾片两侧各具毛3根（图8-13)。

有翅胎生蚜体长不到2毫米，体黄色、浅绿或深绿。触角比身体短。翅透明，中脉三岔。

卵初产时橙黄色，6天后变为漆黑色，有光泽。卵产在越冬寄

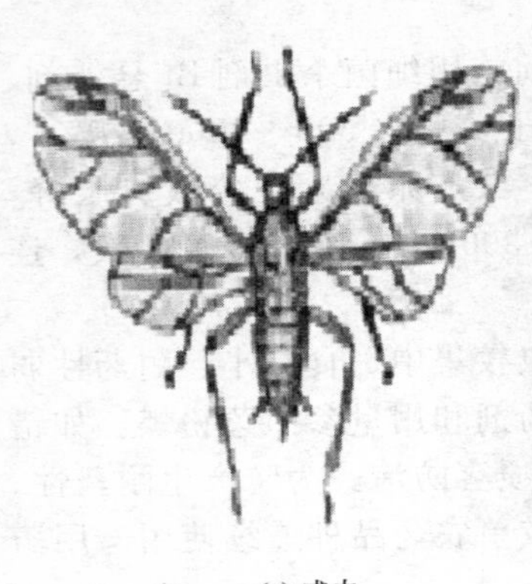

(a) 成虫

(b) 幼虫

图 8-13　瓜蚜

主的叶芽附近。

3. 生活习性

华北地区年发生 10 余代，长江流域 20～30 代，以卵在越冬寄主上或以成蚜、若蚜在温室内蔬菜上越冬或继续繁殖。春季气温达 6℃以上开始活动，在越冬寄主上繁殖 2～3 代后，于 4 月底产生有翅蚜迁飞到露地蔬菜上繁殖为害，直至秋末冬初又产生有翅蚜迁入保护地，雄蚜与雌蚜交配产卵越冬。春、秋季 10 余天完成 1 代，夏季 4～5 天 1 代，每雌可产若蚜 60 余头。繁殖的适温为 16～20℃，北方超过 25℃，南方超过 27℃，相对湿度达 75%以上，不利于瓜蚜繁殖。北方露地以 6～7 月中旬虫口密度最大，为害最重；7 月中旬以后，因高温高湿和降雨冲刷，不利于瓜蚜生长发育，为害程度也减轻。通常，窝风地受害重于通风地。

4. 防治方法

瓜蚜为什么越打越多?

一是因为治晚了。在夏季，瓜蚜完成一代只需 4～5 天，所以，其数量增长的速度是相当惊人的，如果虫量多了或者作物叶子卷了才打药，那就晚了。

二是用药不当。比如拟菊酯类农药，开始使用效果很好，由于农民连续单独使用，很快便产生了耐药性，其效果越来越差，只好加大浓度，这样会大量杀伤天敌，天敌少了或没有了，蚜虫势必猖獗。

有效的药剂有：20%菊马乳油 800～1000 倍液，10%吡虫啉可湿性粉剂2000～3000 倍液，2.5%联苯菊酯（天王星）乳油 2000～3000 倍液。以上药剂在发生初期使用，隔 10～15 天再喷 1 次。

也可采用烟熏法防治，每亩每次可用 10%杀瓜蚜烟剂 300 克或 20%敌敌畏烟剂 200～250 克，或其他灭蚜烟剂 200 克。施药方法是：在傍晚进行，把药分成 4 份，散放于 4 个点，点燃后密闭棚室。另外，也可用熏蚜颗粒剂Ⅱ，每亩每次用 300 克，将药袋剪开小口，分 10 份等距离撒于走道左右地面，人退出后立即关闭棚室。温度保持在 20～35℃，温度太低时效果不好，温度太高时对作物生长有影响。在冬季、早春和深秋季节，应在早晨施药，施药后密闭 24 小时。夏季、晚春和初秋，应在傍晚进行，施药后密闭 12 小时。

四、温室粉虱

温室粉虱包括白粉虱和烟粉虱，本节介绍烟粉虱［*Bemisia tabaci*（Gennadius)］。原产于热带和亚热带地区，现已成为一种世界性的灾害性害虫。据国外报道，烟粉虱的寄主范围十分广泛，可为害 74 科 500 多种植物，在茄果类、瓜类、豆类及花椰菜、甘蓝、大白菜等蔬菜上的种群发生量骤增，平均单叶成虫量多达数十头，重者数百头，甚至逾千头，部分地区作物因失治或控制不佳出现绝收情况。

1. 危害特点

过去未见被害或极少受害的花椰菜、甘蓝、大白菜、豇豆、四季豆等蔬菜作物大面积遭受危害，受害范围几乎波及除葱、蒜类外的所有主栽蔬菜，尤以大棚蔬菜受害最重。该虫除直接刺吸危害作物，导致植株衰退、叶片枯黄、脱落外，成、若虫还可分泌蜜露诱发煤污病，致使枝、叶、果呈黑色，作物产量和质量严重下降。同时，烟粉虱还传播多种危害性极大的植物病毒。长期以来，在一些地区烟粉虱仅是一种未被重视的次要害虫，但近几年来，该虫呈突发性暴发态势，危害严重（图 8-14）。

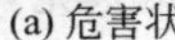
(a) 危害状

(b) 烟粉虱成虫

图 8-14　烟粉虱危害状与成虫

2. 生活史

烟粉虱在北方露地植物上不能自然越冬，多以伪蛹在大棚等保护地作物上越冬，部分地区在大棚作物上则无越冬现象，即使在寒冷的 1 月和春节仍能见到为数不少的成虫羽化及缓慢生长发育的各虫态。该虫在三门峡 10 月中下旬气温在 12℃左右时开始转入温室大棚，进行越冬繁殖。成、若虫可通过蔬菜定植带虫转移等方式传播。次年 4 月中旬前后，成虫就开始向棚室外面活动。7～8 月份，成、若虫暴发造成危害；9 月底 10 月初，随气温下降，部分成虫转入温室大棚，露天虫口数量急剧减少，从而完成全年的发生循环。

烟粉虱 1 年约发生 8～12 代，大棚等保护地栽培的蔬菜和花卉等作物上度过越冬阶段的烟粉虱是翌年春季的主要虫源。在多数地区，春季保护地作物上的越冬代蛹羽化为成虫后，继续留在保护地栽培作物上生长、繁殖、危害，气温转暖后一部分烟粉虱通过带虫菜苗的移栽及成虫外迁至露地作物上繁殖、危害，扩展种群。入夏后，保护地作物上的烟粉虱都逐步外迁至露地作物上繁殖、危害，直至晚秋在露地作物上的烟粉虱又逐步迁回保护地作物上危害，直到越冬；部分地区的烟粉虱则可终年继代生长、繁殖，其迁移途径与上述情况相同。据观察，在露地作物上，烟粉虱 1 年中的主害期从盛夏一直延续至晚秋；在保护地作物上，其主害期为晚春初夏和晚秋 2 个季节。

3. 防治方法

(1) 农业防治　农业防治是控制烟粉虱发生危害的重要环节。要着重抓好以下几点：一是培育无虫壮苗，用于育苗的棚室应和生产大棚分开，并注意在育苗前和移栽前先用蚜虱净等烟剂熏除残余成虫，露地育苗最好采用防虫网小弓棚覆盖栽培；二是在生产过程中和换茬时要及时、彻底清除田间杂草和残枝落叶，以减少虫源；三是要尽量避免茄科、葫芦科、豆科、十字花科蔬菜间的连茬、连作，并在重发地区实施与葱、蒜、韭菜、生菜、芹菜、菠菜等烟粉虱不喜欢的作物轮茬、轮作，以降低种群发生量。尤其是秋冬茬轮作，对压低越冬基数，减轻来年危害具有显著效果。

(2) 物理防治　物理防治是防治烟粉虱的有效措施之一。

一是可利用烟粉虱对橙黄色具有强烈趋性的特点，制成黄色粘虫板（简称黄板）监测和防治烟粉虱。据温州市农科院试验，将多块 20 厘米×25 厘米规格的实验用橙黄色粘虫板悬挂于烟粉虱重发的棚栽番茄的顶部，连续 14 天检查表明，平均单板单日诱集的成虫量为 192.2 头，最高 1378 头。目前国内使用的“黄板”多采用现场涂布 10 号机油于黄色纸板后直接悬挂诱杀，或者将黄色塑料板涂上粘胶后直接悬挂诱杀，尚存在操作不便、粘手、不环保等问题。少数台湾产的商品化“黄板”价格较贵。温州市农科院生态环境研究所近年研制出一种新型的纸质环保型“粘虫色胶板”产品较好地克服了上述问题，经初步推广后反映良好。

二是采用防虫网覆盖栽培，以阻隔烟粉虱入侵为害。实践证明，较好的方法是：冬春大棚栽培蔬菜等作物可在棚室四周及门口增设 40 目防虫网于薄膜内侧，以防掀膜通风时害虫侵入；夏秋可采用防虫网大棚全网覆盖栽培或顶膜裙网法栽培。

(3) 生物防治　鉴于条件限制和从实用性方面考虑，笔者认为现阶段生物防治除了直接使用生物农药外，宜将重点放在保护利用田间自然天敌上，通过在实施化学防治时长期选用对天敌杀伤小的选择性农药等措施来保护田间天敌，逐步恢复益、害间的生态平衡，充分发挥天敌的自然控制作用。具体施用哪类农药，可根据试验观察或有关资料等因地制宜地选用。在有条件的地方，对棚室栽培的作物可引进丽蚜小蜂、桨角蚜小蜂、蜡蚧轮枝菌等天敌进行防治。

（4）化学防治　烟粉虱的体表被有蜡质，且繁殖快、世代重叠严重，极易产生耐药性，给化学防治带来不少困难，因此科学用药十分重要。

一是要选好对口农药，据温州市、台州市农科院田间试验，70%艾美乐可分散粒剂、25%阿克泰可分散粒剂、3.5%锐丹乳油、5%锐劲特悬浮剂、99.1%敌死虫机油乳油、20%啶虫脒可溶性液剂、20%必喜可溶性液剂、10%吡虫啉可湿性粉剂、1.8%阿维菌素乳油、25%塞嗪酮可湿性粉剂、0.4%苦参碱可湿性粉剂等农药在多数地区对B型烟粉虱均有较好的防效。其中，敌死虫150倍、锐劲特1500倍、必喜2000倍、阿克泰5000倍、啶虫脒2000倍、锐丹1200倍稀释液施药后7天内对成虫的总体防效均可达90%～95%以上。

二是要注意不同类型、不同作用机理的农药间轮换使用，一般每茬作物施用同类农药不宜超过2次，提倡多施用不易产生耐药性的农药，如矿物油等。

三是要在烟粉虱发生早期用药，并杜绝盲目增加单位面积施药量和施药次数。

四是要讲究施药技术，如注意喷施叶片背部，喷足药液量；用阿克泰灌根处理以全程控制苗期为害等。

国外学者认为，20世纪90年代起，烟粉虱在世界范围内的大暴发与新生物型的出现和入侵有关。我国自1997年以来，烟粉虱的种群发生量在北方和南方部分区域内呈显著增长态势，直至2000年我国广东、河北、北京、新疆等地相继报道了烟粉虱暴发成灾的情况，后经专家鉴定确认，其种群主要是从国外入侵的新生物型即B型烟粉虱。采用国际通用的“西葫芦银叶反应”法对多点、多次采集的样虫进行生物学鉴定表明，近年来在浙南地区呈暴发态势的烟粉虱种群也主要是B生物型。

五、斑潜蝇

危害蔬菜的有四种斑潜蝇，其中包括：美洲斑潜蝇［*Liriomyza sativae*（Blanchard）］，俗称蔬菜斑潜蝇、蛇形斑潜蝇、甘蓝斑潜蝇等；南美斑潜蝇；番茄斑潜蝇；豌豆彩潜蝇。

美洲斑潜蝇原产于巴西，属双翅目、潜叶蝇科、植潜蝇亚科、斑潜蝇属。自20世纪40年代末以来，陆续流行于佛罗里达、夏威夷等地，是美洲蔬菜生产的大敌。1993年传入中国，现已遍布全国大部分蔬菜产区，其中部分菜区受斑潜蝇危害日益严重，甚至在某些蔬菜上（如黄瓜等）达到绝产的程度。寄主有黄瓜、番茄、茄子、辣椒、豇豆、蚕豆、大豆、菜豆、芹菜、甜瓜、西瓜、冬瓜、丝瓜、西葫芦、蓖麻、大白菜、棉花、油菜、烟草等22科110多种植物。

南美斑潜蝇，拉丁学名*Liriomyza huidobrensis* Blanchard，属双翅目潜蝇科，别名斑潜蝇。分布在新北区、北半球温带地区。近年已蔓延到欧洲和亚洲。1994年该虫随引进花卉进入我国云南昆明，从花卉圃场蔓延至农田。现云南、贵州、四川、青海、山东、河北、北京等省市已有危害蚕豆、豌豆、小麦、大麦、芹菜、烟草、花卉等的报道，是危险性特大的检疫对象。

1. 危害特点

美洲斑潜蝇成、幼虫均可为害。雌成虫飞翔，把植物叶片刺伤，进行取食和产卵。幼虫潜入叶片和叶柄危害，产生不规则蛇形白色虫道，叶绿素被破坏，影响光合作用，受害重的叶片脱落，造成花芽、果实被灼伤，严重的造成毁苗。美洲斑潜蝇发生初期虫道呈不规则线状伸展，虫道终端常明显变宽，有别于番茄斑潜蝇。受害田块受蛆率30%～100%，减产30%～40%，严重的绝收。

南美斑潜蝇成虫用产卵器把卵产在叶中，孵化后的幼虫在叶片上、下表皮之间潜食叶肉，嗜食中肋、叶脉，食叶成透明空斑，造成幼苗枯死，破坏性极大。该虫幼虫常沿叶脉形成潜道，幼虫还取食叶片下层的海绵组织，从叶面看潜道常不完整，有别于美洲斑潜蝇。

番茄斑潜蝇幼虫孵化后潜食叶肉，呈曲折蜿蜒的食痕，苗期2～7叶受害多，严重的潜痕密布，致叶片发黄、枯焦或脱落。虫道的终端不明显变宽，是该虫与南美斑潜蝇、美洲斑潜蝇相区别的一个特征。

豌豆彩潜蝇幼虫潜叶危害，蛀食叶肉留下上下表皮，形成曲折隧道，影响蔬菜生长。豌豆受害后，影响豆荚饱满及种子品质和产量。

2. 形态特征

美洲斑潜蝇成虫小，体长 1.3～2.3 毫米，浅灰黑色，胸背板亮黑色，体腹面黄色，雌虫体比雄虫大。卵米色，半透明，大小(0.2～0.3)毫米×(0.1～0.15)毫米。幼虫蛆状，初无色，后变为浅橙黄色至橙黄色，长 3 毫米，后气门突呈圆锥状突起，顶端三分叉，各具一开口。蛹椭圆形，橙黄色，腹面稍扁平，大小（1.7～2.3)毫米×(0.5～0.75)毫米。

美洲斑潜蝇形态与番茄斑潜蝇极相似，美洲斑潜蝇成虫胸背板亮黑色，外顶鬃常着生在黑色区上，内顶鬃着生在黄色区或黑色区上，蛹后气门 3 孔；而番茄斑潜蝇成虫内、外顶鬃均着生在黑色区，蛹后气门 7～12 孔（图 8-15)。

美洲斑潜蝇

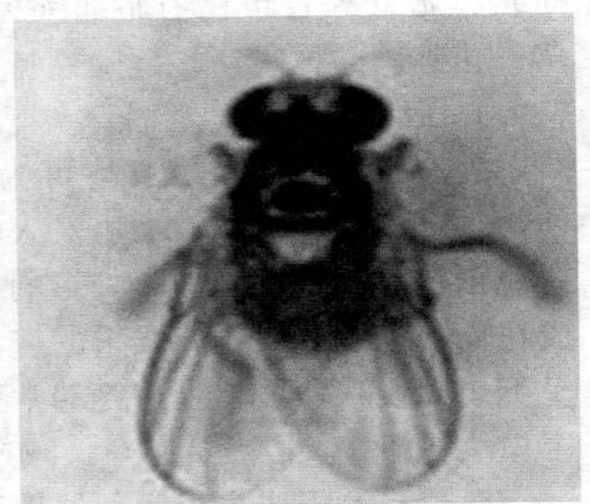

番茄斑潜蝇

图 8-15 美洲斑潜蝇与番茄斑潜蝇

南美斑潜蝇成虫体长 1.7～2.25 毫米。额明显突出于眼，橙黄色，上眶稍暗，内、外顶鬃着生处暗色，足基节黄色具黑纹，腿节基本黄色，但具黑色条纹直到几乎全黑色，胫节、附节棕黑色。低龄幼虫体白色，高龄幼虫头部及胸部前端黄色，体大部为白色。幼虫体白色后气门突具 6～9 个气孔开口。雄性外生殖器：端阳体与骨化强的中阳体前部体之间以膜相连，呈空隙状，中间后段几乎透明；精泵黑褐色，柄短，叶片小，背针突具 1 齿。蛹初期呈黄色，逐渐加深直至呈深褐色，比美洲斑潜蝇颜色深且体型大。后气门突起与幼虫相似。

番茄斑潜蝇成虫翅长约2毫米，除复眼、单眼三角区、后头及胸、腹背面大体黑色，其余部分和小盾板基本黄色。成虫内、外顶鬃均着生在黄色区，蛹后气门7～12孔。卵米色，稍透明，大小(0.2～0.3)毫米×(0.1～0.15)毫米。幼虫蛆状，初孵无色，渐变黄橙色，老熟时长约3毫米。蛹呈卵形，腹面稍平，橙黄色，大小(1.7～2.3)毫米×(0.5～0.75)毫米。

3. 生活习性

美洲斑潜蝇成虫以产卵器刺伤叶片，吸食汁液，雌虫把卵产在部分受伤孔表皮下，卵经2～5天孵化，幼虫期4～7天，末龄幼虫可以咬破叶表皮在叶外或土表下化蛹，蛹经过14天羽化为成虫，每世代夏季2～4周，冬季6～8周。美洲斑潜蝇等在美国南部周年发生，无越冬现象，世代短，繁殖能力强。

番茄斑潜蝇在北京于3月中旬开始出现，5月12～19日出现第1个峰值，6月23日～7月1日出现第2个峰值，7月28日～8月18日无虫，9月15～22日出现最高峰，10月20日以后虫口数量下降。该虫在5月中旬至7月初及9月上中旬至10月中旬有两个发生高峰期。经试验15℃成虫寿命10～14天，卵期13天左右，幼虫期9天左右，蛹期20天左右；30℃成虫寿命5天，卵期4天，幼虫期5天左右，蛹期9天左右。幼虫老熟后咬破表皮在叶外或土表下化蛹，25℃条件下每雌虫产卵量约183粒。在甘蓝上，卵多产于真叶，基部叶片最多，偏喜成熟的叶片，由下向上，较有规律，少部分产在子叶上。该虫在田间分布属扩散型，发生高峰期，全田被害。

南美斑潜蝇在云南发生代数不详。据国外报道，此虫适温为22℃，在云南滇中地区全年有两个发生高峰，即3～4月和10～11月。此间均温11～16℃，最高不超过20℃，利于该虫发生。5月气温升至30℃以上时，虫口密度下降，6～8月雨季虫量也较低，12月至翌年1月月均温7.5～8℃，最低温为1.4～2.6℃，该虫也能活动为害。滇北元谋一带年平均气温27.8℃，11月至翌年3月上中旬，此间均温17.6～21.8℃，最高气温低于30℃利其发生，3

月中下旬气温升至35℃以上时，虫量迅速下降，4月后进入炎夏高温多雨季节，田间虫量很少，直至9月气温降低，虫量逐渐回升。此外，也与栽培作物情况有关，云南中部蚕豆老熟期，成虫大量转移到瓜菜及马铃薯等作物上。南美斑潜蝇在北京3月中旬开始发生，6月中旬以前数量不多，以后虫口逐渐上升，7月1～7日达到最高虫量，每卡诱到244.5头，后又下降。该虫主要发生在6月中下旬至7月中旬，占潜蝇总量的60%～90%，是这一时期田间潜蝇的优势种。该虫目前仅在少数地区发现，但是危险性大，应引起足够的重视。

4. 防治方法

美洲斑潜蝇耐药性发展迅速，具有抗性水平高的特点，给防治带来很大困难，因此已引起各地普遍重视。南美斑潜蝇、番茄斑潜蝇防治要加强检疫疫区蔬菜、花卉，严禁外调、外运。

(1) 农业防治　在斑潜蝇为害重的地区，要考虑蔬菜布局，把斑潜蝇嗜好的瓜类、茄果类、豆类与其不为害的作物进行套种或轮作；适当疏植，增加田间通透性；收获后及时清洁田园，把被斑潜蝇为害作物的残体集中深埋、沤肥或烧毁。在秋季和春季的保护地的通风口处设置防虫网，防止露地和棚内的虫源交换。

(2) 采用灭蝇纸诱杀成虫　在成虫始盛期至盛末期，每亩置15个诱杀点，每个点放置1张诱蝇纸诱杀成虫，3～4天更换一次；也可用斑潜蝇诱杀卡，使用时把诱杀卡揭开挂在斑潜蝇多的地方。室外使用时15天换1次。悬挂黄板诱杀成虫，即在保护地内架设黄板诱杀保护地中的斑潜蝇成虫，如能保持黄板的悬挂高度始终在作物生长点上方20厘米并保持黄板的黏着性，可收到很好的效果。

(3) 科学用药　在受害作物某叶片有幼虫5头时，掌握在幼虫2龄前（虫道很小时），于8～11时露水干后幼虫开始到叶面活动或者熟幼虫多从虫道中钻出时开始喷洒，选用50%灭蝇胺水溶性粉剂2500～3500倍液、52.25%农地乐乳油1000倍液、10%吡虫啉可湿性粉剂1000倍液、30%阿维·杀单可湿性粉剂1000～1500液、25%斑潜净乳油1500倍液、48%毒死蜱1500倍液、98%巴丹原粉1500倍液、1.8%阿维菌素（爱福丁）乳油3000倍液、5%顺式氰戊菊酯乳油2000倍液、25%杀虫双水剂500倍液、98%杀虫单可溶性粉剂800倍液、1%增效7051生物杀虫素2000倍液、20%康福多浓可溶剂4000倍液、5%抑太保乳油2000倍液、36%克螨蝇乳油1000～1500倍液或5%卡死克乳油2000倍液。防治时间掌握在成虫羽化高峰的8～12时效果好。此外，还可选用5%氟虫清悬浮剂、5%氟虫脲乳油、5%氟啶脲乳油等。

（4）生物防治 释放姬小蜂、反颚茧蜂、潜蝇茧蜂等，这三种寄生蜂对斑潜蝇寄生率较高。

六、菜螟

菜螟（*Hellula undalis* Fabricius），又称菜心野螟、萝卜螟、甘蓝螟、白菜螟、吃心虫、钻心虫、剜心虫等，分类学上属鳞翅目、螟蛾科。主要危害十字花科白菜类、甘蓝类、芥菜类和萝卜等根菜类蔬菜。

1. 危害特点

以初龄幼虫蛀食幼苗心叶，吐丝结网，轻则影响菜苗生长，重者可致幼苗枯死，造成缺苗断垄；高龄幼虫除啮食心叶外，还可蛀食茎髓和根部，并可传播细菌软腐病，引致菜株腐烂死亡。该虫广泛分布于全国各蔬菜区。

2. 形态

成虫为褐色至黄褐色的近小型蛾子。体长约7毫米，翅展16～20毫米。前翅有3条波浪状灰白色横纹和1个黑色肾形斑，斑外围有灰白色晕圈。

老熟幼虫体长约12毫米，黄白色至黄绿色，背上有5条灰褐色纵纹（背线、亚背线和气门上线），体节上还有毛瘤，中后胸背上毛瘤单行横排各12个，腹末节毛瘤双行横排，前排8个，后排2个。

3. 生活习性

该虫年发生3（华北）～9（华南）代，多以幼虫吐丝缀土粒或枯叶做丝囊越冬，少数以蛹越冬。在广州地区，该虫整年皆可发生危害，无明显越冬现象，但常年以处暑（8月下旬）至秋分（9月下旬）期间发生数量最多，此时以花椰菜（花蕾形成前）受害较重，9～11月以萝卜特别是早播萝卜受害重，白菜类4～11月均受害较重，凡秋季天气高温干燥，有利于菜螟发生，如菜苗处于2～4叶期，则受害更重。成虫昼伏夜出，稍具趋光性，产卵于叶茎上散产，尤以心叶着卵量最多。初孵幼虫潜叶危害，3龄吐丝缀合心叶，藏身其中取食危害，4～5龄可由心叶、叶柄蛀入茎髓危害。幼虫有吐丝下垂及转叶危害习性。老熟幼虫多在菜根附近土面或土内做茧化蛹（图8-16）。

图8-16 菜螟成虫和幼虫

4. 防治方法

（1）因地制宜调节播期 在菜螟常年严重发生危害的地区，应按当地菜螟幼虫孵化规律适当调节播期，使最易受害的幼苗2～4叶期与低龄幼虫盛发期错开，以减轻危害。

（2）结合管理，人工捕杀 在间苗、定苗时，如发现菜心被丝缠住，即随手捕杀之。

（3）及时喷药毒杀 应在幼虫孵出初期和蛀心前（或心叶有丝网时）喷施40%氰戊菊酯5000～6000倍液，或20%杀灭菊酯4000倍液，或40%菊马乳油3000倍液，或50%巴丹可湿粉1500倍液，或80%敌敌畏乳油1000倍液，或青虫菌粉剂（微生物农药）1000倍液。交替喷施2～3次，隔7～10天1次，喷匀喷足。

七、野蛞蝓

野蛞蝓（*Agriolimax agrestis* Linnaeus）属腹足纲、柄眼目、蛞蝓科、野蛞蝓属。别名鼻涕虫。寄主包括草莓、多种蔬菜及农作物。野蛞蝓分布于欧洲、美洲、亚洲，我国主要分布于广东、海南、广西、福建、浙江、江苏、安徽、湖南、湖北、江西、贵州、云南、四川、河南、河北、北京、西藏、新疆、内蒙古等地，生活环境为陆地，常生活于山区、丘陵、农田及住宅附近，以及寺庙、公园等阴暗潮湿、多腐殖质处。

1. 危害特点

最喜食植物萌发的幼芽及幼苗，造成缺苗断垄，取食植物叶片成孔洞，或取食植物果实，影响商品价值，可危害多种蔬菜、农作物等。

2. 形态特征

成虫体伸直时体长 30～60 毫米，体宽 4～6 毫米；内壳长 4 毫米，宽 2.3 毫米（图 8-17）。长梭形，柔软、光滑而无外壳，体表暗黑色、暗灰色、黄白色或灰红色。触角 2 对，暗黑色，下边一对短，约 1 毫米，称前触角，有感觉作用；上边一对长约 4 毫米，称后触角，端部具眼。口腔内有角质齿舌。体背前端具外套膜，为体长的 1/3，边缘卷起，其内有退化的贝壳（即盾板），上有明显的同心圆线，即生长线。同心圆线中心在外套膜后端偏右。呼吸孔在体右侧前方，其上有细小的色线环绕。黏液无色。在右触角后方约 2 毫米处为生殖孔。卵椭圆形，韧而富有弹性，直径 2～2.5 毫米。白色透明可见卵核，近孵化时色变深。初孵幼虫体长 2～2.5 毫米，淡褐色；体形同成体。

图 8-17　野蛞蝓成虫

3. 生活习性

以成虫体或幼体在作物根部湿土下越冬。5～7 月在田间大量活动为害，入夏气温升高，活动减弱，秋季气候凉爽后，又活动为害。完成一个世代约250天，5～7月产卵，卵期16～17天，从孵化至成虫性成熟约55天。产卵期可长达160天。野蛞蝓雌雄同体，异体受精，亦可同体受精繁殖。卵通常产在湿度大且隐蔽的土缝中，每隔1～2天产1次，约1～32粒，每处产卵10粒左右，平均产卵量为400余粒。野蛞蝓怕光，强光下2～3小时即死亡，因此均夜间活动，从傍晚开始出动，晚上10～11时达高峰，清晨之前又陆续潜入土中或隐蔽处。其耐饥力强，在食物缺乏或不良条件下能不吃不动。阴暗潮湿的环境易于大发生，当气温11.5～18.5℃，土壤含水量为20%～30%时，对其生长发育最为有利。

4. 防治方法

(1) 采用高畦栽培、地膜覆盖、破膜提苗等方法，以减少为害。

(2) 施用充分腐熟的有机肥，创造不适于野蛞蝓发生和生存的条件。

(3) 清除田园、秋季耕翻破坏其栖息环境，用杂草、树叶等在棚室或菜地诱捕虫体。

(4) 每亩用生石灰5～7千克，在危害期撒施于沟边、地头或作物行间驱避虫体。

(5) 药剂防治：用48%地蛆灵乳油或6%蜗牛净颗粒剂配成含有效成分4%左右的豆饼粉或玉米粉毒饵，在傍晚撒于田间垄上诱杀；或用8%灭蛭灵颗粒剂每亩2千克撒于田间；或于清晨喷洒48%地蛆灵乳油1500倍液、48%乐斯本乳油或48%天达毒死蜱1500倍液。

第四节　特种蔬菜药害防治及补救措施

一、蔬菜产生药害的症状及原因

1. 药害症状

一般药害有急性和慢性两种。急性药害是在喷药后几小时至3～4天出现，如烧伤、凋萎、落叶、落花、落果，幼嫩组织上出现斑点，如褐斑、黄斑、网斑等，在生长中较常见。慢性药害是在喷药后，经过较长时间才出现明显症状，如枝叶生长不良、叶片变黄脱落；茎叶、果实和根部出现畸形，如卷叶、丛生、肿根等现象；生长缓慢并伴有斑点，成熟期延迟，风味变劣等。如番茄产生药害时，叶片干枯坏死，以叶缘、叶尖受害最重，严重时生长点也可变白枯死；黄瓜产生药害时，叶片上出现白色失绿斑点，以叶缘、叶尖受害较重，重者在叶片上出现明显的白色失绿斑块，除草剂施用不当造成蔬菜枯萎。

2. 产生药害的原因

一是误用了不对症的农药或除草剂。

二是施药浓度过高或者施药次数较多，而间隔期太短。

三是在高温或高湿条件下施药。

四是施用了劣质农药。

五是土壤施药不够均匀。

六是不合理地混用农药。

七是农药配制出现误差，未严格按农药使用要求配制。

二、预防措施

1. 正确掌握农药的使用方法

严格按照农药使用说明正确用药，不能随意加大药剂浓度和盲目混配药剂。如一般不宜把 3 种以上的农药混配在一起使用；使用不同的药剂时，应有一定的间隔期（一般至少为 7 天）。

2. 依据蔬菜选择合适农药

根据蔬菜作物的种类及不同生育期来选择农药及使用浓度。如蔬菜在花期和苗期易产生药害，因此此期用药浓度应适当减小。此外，应严格选择使用高效、低毒、低残留的药剂类型。

3. 掌握施药时间

不宜在炎热的中午施药,应在晴天上午喷施，尤其在棚室内使用带熏蒸作用的药剂。每天施药时间不得超过 6 小时。

4. 注意施药质量

喷药要均匀周到，避免局部用药过多。喷药时雾滴不要过大，喷头与蔬菜之间应保持一定的距离，以 50～60 厘米为宜。不可往蔬菜的幼嫩部位及花朵上过多施药。在配制药土或毒土时，药（毒）土一定要混均匀。

5. 不用劣质农药和假药

购买农药时要做到“四看”，即看注册商标，看两证一号，看生产时间、批号和有效期，看生产厂家名称，避免购进伪劣假药。对已有农药要防止变质失效。用药前注意看清农药类别及名称，防止用错药造成药害。

三、补救措施

1. 喷水冲洗

喷错农药或发生药害后，可在早期药液尚未完全渗透或被吸收时，迅速用大量清水喷洒叶片，反复冲洗3～4次，尽量把植株表面的药液冲刷掉，并配合中耕松土，促进根系发育，使植株迅速恢复正常生长。对保护地要注意放风，排出药气和湿气，并中耕松土，酌情追施氮肥，促进生长。

2. 喷施缓解剂

一是针对导致药害的药物性质，使用与其性质相反的药物进行中和缓解。若是酸性药剂造成的药害，喷水冲洗时可加入适量生石灰；碱性药剂造成的药害，喷水冲洗时可加入适量食醋。若因喷施硫酸铜过量造成药害后，可喷0.5%的生石灰水解救；受石硫合剂药害后，可先在水洗的基础上，喷米醋400～500倍液减轻药害；乐果等有机磷类农药在蔬菜生产中一般禁用，当产生药害时，可喷0.2%肥皂液或硼砂200倍液1～2次。

二是蔬菜发生药害后可用某些特定的解毒剂进行补救。如选用叶绿宝、细胞分裂素等叶面营养调节剂和植物激素进行叶面喷施，能促进其恢复生长，减轻药害造成的损失。多效唑抑制剂或延缓剂等植物生长调节剂、除草剂造成药害时，可喷施“九二〇”溶液解救。喷施赤霉素或叶面宝也可缓解多效唑过量造成的危害。当使用2,4-D丁酯除草剂发生药害时可用2,4,6-T解救。

三是喷施强氧化剂。如高锰酸钾对多种化学农药都具有氧化、分解作用，若产生药害，可用高锰酸钾3000倍液进行叶面喷施。

3. 灌水降毒

因土壤施药过量造成药害时应及早灌水洗田，使大量药物随水排出田外，一方面增加蔬菜作物细胞水分含量，促进新陈代谢，降低体内农药的相对浓度，减轻药害程度；另一方面降低土壤中农药浓度，减轻农药对农作物的毒害。对一些药剂灌根和地膜下施用除草剂引起的药害，可适当浇水或串灌水洗药降毒。

4. 及时增施肥料

作物发生药害后生长受阻，长势减弱，若及时补施氮、磷、钾肥或腐熟有机肥，可促使受害植株逐渐恢复生长，提高自身抵抗药害能力。如及时浇水并追施尿素等速效肥料，并叶面喷施1%～2%的尿素或0.3%磷酸二氢钾溶液，或用0.3%尿素加0.2%磷酸二氢钾溶液混合喷洒，每隔5～7天喷洒1次，连喷2～3次。如果药害是由酸性农药引起的，可在地里撒生石灰或草木灰，药害较重的还可用1%漂白粉液叶面喷施。对碱性农药引起的药害，可用硫酸铵、过磷酸钙等酸性肥料中和。

5. 局部摘除

对因在瓜菜局部涂药或灌药造成受害的情况，可摘除受害的果实、枝条、叶片等，防止植株体内的药剂继续传导和渗透。如果主干和主枝上产生药害，还要结合施用中和缓解剂或清水冲洗解毒。

此外，若苗床内发生药害，可采用提前分苗的措施来减轻药害。

参 考 文 献

[1] 中国农学会．特种蔬菜栽培技术．北京：科学普及出版社，1995.

[2] 谢荣贵．特种蔬菜高效栽培技术．郑州：河南科学技术出版社，1998.

[3] 詹玉丝．特种蔬菜高效栽培技术．郑州：中原农民出版社，1996.

[4] 高九思，韩建明，李忠民．叶菜类蔬菜栽培技术图说：特种甘蓝篇．郑州：河南科学技术出版社，2009.

[5] 宗静，商磊．50种名特蔬菜栽培技术问答．北京：中国农业出版社，2004.